现代学徒制研究成果系列教材

化妆造型

HUAZHUANG ZAOXING

陈昊 安迪 编著

中国铁道出版社有限公司
CHINA RAILWAY PUBLISHING HOUSE CO., LTD.

内 容 简 介

本书主要介绍了化妆造型的基础知识和造型案例，重点针对白纱化妆造型、晚礼化妆造型、其他常见化妆及特色服饰化妆整体造型几部分介绍化妆造型的方法与技巧。本书案例经典、图片丰富、讲解细致、内容全面，能使读者快速入门并提高相关技能。

本书既可作为职业院校化妆、播音主持、表演、乘务等专业的教材使用，也适合初级、中级化妆造型师和相关培训机构的学员使用，还可供广大化妆造型爱好者阅读。

图书在版编目（CIP）数据

化妆造型 / 陈昊，安迪编著. — 北京 ：中国铁道
出版社，2017.7（2023.2重印）
现代学徒制研究成果系列教材
ISBN 978-7-113-23361-7

Ⅰ. ①化… Ⅱ. ①陈… ②安… Ⅲ. ①化妆 - 造型
设计 - 职业教育 - 教材 Ⅳ. ①TS974.1

中国版本图书馆CIP数据核字（2017）第162553号

书　　名：化妆造型
作　　者：陈　昊　安　迪

策　　划：邬郑希　　　　　　　　　编辑部电话：(010) 83527746
责任编辑：邬郑希　李学敏
封面设计：刘　颖
责任校对：张玉华
责任印制：樊启鹏

出版发行：中国铁道出版社有限公司（100054，北京市西城区右安门西街 8 号）
网　　址：http://www.tdpress.com/51eds/
印　　刷：国铁印务有限公司
版　　次：2017 年 7 月第 1 版　　2023 年 2 月第 5 次印刷
开　　本：880 mm×1 230 mm　1/16　印张：9.5　字数：245 千
书　　号：ISBN 978-7-113-23361-7
定　　价：99.00 元

序 FOREWORD

——有道且天行

丁亥年仲秋，在一化妆活动现场，我看到队伍中有一位清风道骨的精瘦小伙，鹤立群中，谁知道他径直来到我跟前，对我尊称（天知道这位如此有心且记忆力超群）后且进行自我介绍，我认识了他叫"無天"（陈昊，字"無天"，号万福山）。

至于为什么叫"無天"，通过一次他主动邀约，我俩一场"不服来战"，彻夜对酒当歌大侃彼此对化妆造型摄影行业的配合、协作、发展，直至共鸣，杯中之物更是令彼此海阔天空忘乎所以地涉猎到人类美学范畴，以及希腊神话中的主神宙斯及宙斯家人、诸神之战，直至最终回归"无法无天"……早上六点，彼此带着七丝不舍、三分折服，如约工作。

当今天我们彼此对《三体》（刘慈欣）愈加感知之时，他却以一幅修行者的姿态出现在了我们面前。如今站在我面前的"無天"已然忘却当初对待他所不适应的"肤浅"及"俗套"之人的不屑（当然这里我想应该并不包括我本人），美学及中国传统文化对他的影响已深入骨髓，虽然思想意识形态更多受到的是伏尔泰式的开明宗教开化，但也不乏这本能给更多从事化妆造型美学从业者的一种如卢梭般的精神契约。

有时我想，这是否是因为他对艺术追求之心的强大才让人不适，到底是现在的修行对以往的自我偏执作为一种解脱还是包含着一种风范。作为已融入化妆造型行业的修行者、践行者身份的导师，年轻时的天赋、才华、直觉，"力透纸背、呼之欲出"将在此书一现端倪。

道法自然，无所不容，自然无为，有道且天行。

今天，安迪、"無天"二人同心于此，将平凡的事业做成了不平凡，让一切事物美好，有道！

致每一位努力的化妆师

人生，走着走着，有时停一停，会有所顿悟。

我们的时代，每天不一样，静静的田野，日渐被蚕食，昨日的旧楼，一夜蜡炬成灰。

我们害怕掉队，我们害怕被弃，我们害怕淘汰，每天高压相伴，我们累了，却不敢喘息。

有的人脚步已经超越了心灵，走得太快，没能好好看看自己，看看生活。不知道如何平衡人生，以一种道法自然的态度，去追寻幸福。

因此焦躁、不安，甚至是惶恐、抑郁。

内心，或欣喜，或愤懑，或悲恸，或欣忭，生活犹如浪里白条，总有波峰，也有浪谷。

时代的阵痛，在每一个身体，用不同的爆发力，任其随意地肆虐着。

每一个阶段，困惑接踵而至，生活常常给我们一碗没有芝麻酱的热干面、居高不下的房价、干瘪的钱包；一方面人生的选择无穷多，另一方面我们能选择的却很少；蚁族的辛酸，只有举起手中化妆刷的那一刻，得到一种满足和安抚。

得不到，是我们曾经的抱怨。

就算雾霾蚕食了天空，我们的生活没有了蝉，没有了诗，没有了栀子花，但是我想：坚持住，不放弃，慢慢来，用心做，踏踏实实，把握机会，一切都会变好。

舍，得。

每个人都不会是孤单的，总会遇到关心你的人，请感恩。

知恩图报，感恩被人在意，学会遵守规则，遵守共同约定。

只有读万卷书，行万里路，识万个人，才开始懂生活，明事理之旅。

人生，最快乐的，最难忘的，是过程，坚持了自己，找到了活着的意义，认识了真正重要的人，拥有了亲情、友情、爱情，拥有了挚爱的事业，这一切才是最珍贵的。

因为我知道，先做好自己，当选择了温暖，身边会遇到越来越多温暖的人。

因为我知道，我们变得阳光，周围的人会越来越喜欢我们，美好，也会眷顾。

这是每一个坚持学化妆孩子的心声。

这个社会，终究会有越来越多和我们一样懂得生活，热爱生活的人，最后变得越来越好。

但是要明白，生活首先是生存是竞争，也是残酷的优胜劣汰，所以我们要付出。

只要努力过，我们会无憾。

这个时代，缺乏的不是物质，而是静下来学习时内心的宁静和富足。

每一位热爱学化妆的孩子都是上天派来凡间的天使。

神既道，道法自然，如来。

（在此感谢以下摄影师的拍摄：曾凡玉、李鸿瑞、胡立军、王春林、康林。排名不分先后）

丁酉年春　陈昊　于武汉

目录 CONTENT

初识化妆

1.1 认识化妆

1.1.1 化妆的概念

运用现代的化妆品和化妆工具，采用正确的操作步骤和技术手段，对化妆对象的面部、五官及其他部位进行描画、渲染、整理，增强其立体效果，调整其面部形色，掩饰其五官缺陷，表现其气质神采，从而以达到美化其个人整体形象的视觉感受为最终目的，这种技能手法称为化妆。

化妆能表现出化妆对象所特有的个人气质特点，焕发个人风韵，增添气质魅力。

一个完美的化妆造型作品能为化妆对象唤起心理和生理上的潜在活力，增强个人的自信心，并使其精神焕发，还有助于消除疲劳，延缓衰老。

化妆是一种历史悠久的人体美容技术。古代人们在面部和身上涂上各种颜色和油彩，表示神的化身，以此驱魔逐邪，并显示自己的地位和存在。后来这种装扮渐渐变为具有装饰的意味，一方面在戏剧演出时需要改变人物面貌和装束，以展现剧中人物；另一方面是由于实用而兴起并改良和发展，例如，古代埃及人在眼睛周围涂上墨色，以使眼睛能避免直射日光的伤害；在身体上涂上香油，以保护皮肤免受日光和昆虫的侵扰等。如今，化妆成为满足所有人提升自身形象美的一种手段，其主要体现在化妆师运用人工技巧，利用化妆品和化妆工具诠释和塑造化妆对象的美。

"脂粉黛泽之化妆，中国古代，早已实行。迨及唐朝，人文璨然，宫嫔众多，使六宫粉黛，竞美争妍。所以化妆一项，更趋浓艳。日本平安朝女子之化妆，起源亦由于唐，今分为髻、额黄、眉黛、朱粉、口脂等等。"（摘自民俗学家黄现璠著：《唐代社会概略》，商务印书馆，1936年3月初版）

1.1.2 化妆的分类及作用

1. 化妆常用的分类

① 按性质及用途分，化妆分为生活化妆（包括生活日妆、新娘化妆、职业化妆等）、艺术化妆（包括舞台化妆、戏剧化妆、写真化妆等）。

②按色度分，化妆分为淡妆和浓妆。淡妆多用于生活日妆、职业妆等；浓妆运用于特殊的场合。

③按冷暖分，化妆分为冷妆和暖妆。冷妆是指化妆后，妆面整体效果偏冷的妆型，而暖妆是指化妆后，妆面整体效果偏暖的妆型。冷妆和暖妆最大的区别是指其妆面色彩上的冷暖区分。其化妆手法和方式不变，主要的色彩搭配和色彩运用要协调合理。接近太阳的颜色为暖色，接近海洋的颜色为冷色，黑白灰为中间色系。

按色度分的淡妆是对自身面容的轻微修饰，如日妆（生活淡妆）、职业妆、休闲妆、时尚妆（裸妆、糖果妆、烟熏妆）等。

小贴士

在此需要给大家补充说明一下，对于化妆的分类及适用场合会有进一步了解。化妆按照性质及用途所分的生活化妆又称为唯美妆，唯美妆是在生活中，以个人的基本样貌为基础，化妆师对化妆对象进行面部美化的妆容，是职业彩妆或者影楼化妆的常见妆容；舞台化妆是用于舞台表演的妆容，常见于各类化妆比赛、走秀、话剧或者歌舞表演；戏剧妆则是影视剧中根据剧本的要求进行的角色妆容设计。

2. 化妆的作用

（1）护肤美颜

化妆就是为了美化容颜。比如用营养化妆品可使皮肤光洁、美观；用粉底霜可调整皮肤的颜色；描画眉毛可改变眉毛的形态；画眼线可使眼睛柔美传神；涂抹腮红可使面部艳丽红润等。

（2）增强自信

随着人们对外交往的社会活动增多，化妆在美化容颜的同时，还能提升个人自信心。

（3）健美健身

化妆不仅能令容颜美丽，而且还可以保护皮肤。比如防晒霜的正确使用可使皮肤免受阳光的刺激和伤害；按摩膏可使皮肤增加弹性，延缓皮肤衰老；爽肤水可使面部毛孔收缩，爽滑细腻。可见，健与美是辩证的统一体。

（4）弥补面部缺陷

用化妆手段弥补或矫正面部缺陷是美容化妆的重要作用之一。化妆可使鼻梁显挺，长鼻显短，短鼻显长；可矫正眼形，小眼显大，吊眼或下垂眼显正；口红、唇蜜可使薄唇显丰满，厚唇显薄，模糊唇形变得轮廓清晰等。

1.1.3 化妆行业的现状及发展

1. 美容化妆行业的现状

中国化妆业及相关行业经过近 30 年的发展，近年来逐步走向成熟，市场成长率平均年增长幅度保持在 13% ～ 15% 之间。

近三年，在各行业分支占总行业份额的比例中，彩妆行业的份额每年增加比例在 2 个百分点以上，与香品市场一起不断压缩其他行业分支的份额，虽然与日韩、欧美等发达国家相比，中国的美容化妆行业规模还很小，但该行业在中国发展的潜力依然很大，我国美容化妆品零售市场数据及未来预期如下图所示。

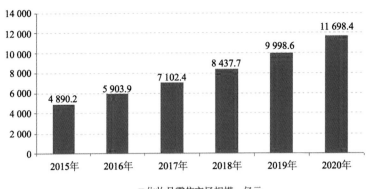

化妆品零售市场规模：亿元

2．美容化妆行业的发展前景

在中国，化妆行业作为一门新兴的产业，近年来其发展势头非常迅猛，随着现代人对美的不懈追求，影楼的蓬勃发展，各类选秀活动、时尚发布会的举行，电影和电视剧的需求，化妆造型师的职业可谓越来越炙手可热，成为不可或缺的社会职业角色。近年来化妆造型师的需求量迅速增长，特别是经过严格培训，掌握深厚理论功底和高超专业技能，且具有时尚和创新理念的高端化妆技术人才尤其紧缺。

目前，国内专业化妆师的人才较为紧俏，化妆造型师以其时尚性、收入高、社会需求量大、易就业、受人尊重甚至崇拜的职业特点受到时尚人士，尤其是年轻人的热烈追捧。

近年来，国务院印发了《关于加快发展现代职业教育的决定》，"职业教育"第一次提高并上升到国民教育的战略层面。可以说，随着大众审美的提升以及国家政策的倾斜，"化妆师"这一以缔造人物气质形象为己任的技术型工种，必将在不久的将来迎来职业发展的"春天"。

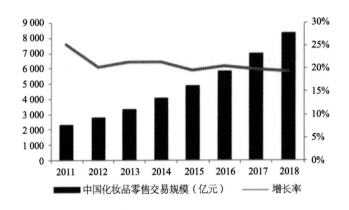

中国化妆品零售交易规模（亿元）　　　增长率

1.2　化妆师的职业介绍

1.2.1　化妆师的定义与资格认证

1．化妆师的定义

根据《中华人民共和国国家职业分类大典》划分，化妆师属于国家职业分类中第二大类"专业技术人员"第10中类"文学艺术工作人员"第5小类"电影电视制作及舞台专业人员"的第8个职业（工种）。根据国家对该职业的有关说明，化妆师的职业定义主要是指"从事影视、舞台演出等演员造型设计并完成造型工作的人员"。属于艺术范畴的化妆师职业和属于"社区和居民服务类"职业（工种）的美容美发师职业虽然在内容上有交叉部分，但在性质上有很大区别。

化妆师要具有一定的艺术造诣、美学素养、绘画基础，以及历史知识和观察、分析生活的能力，能够掌握并熟练地运用化妆技法和技巧，带领和指导助手或学生完成合作方所规定的化妆任务。随着社会的发展，艺术生活化、生活艺术化的趋势日趋明显，人们在追求感性美的同时也非常注重形式美、个性美与知性美三者的统一；另一方面，化妆的多样性应用也非常明显，化妆不再局限于艺术表演范畴，已经扩展到了商业摄影、体育表演、广告制作、影视生产、舞台、音乐制作、中外合拍片、模特时尚、服装服饰、期刊出版、化妆产品形象代言、公众人物形象顾问、明星私人化妆师等广泛领域。

2. 化妆师资格认证及考核方式

进入二十一世纪后，化妆师已经成为新兴的、时尚的通用职业和技术工种。目前我国开展的化妆师国家职业资格考证只有初、中、高三个等级，申报条件见下表：

化妆师国家职业资格申报条件表

初级（国家职业资格五级）化妆师（具备下列条件之一者）	中级（国家职业资格四级）化妆师（具备下列条件之一者）	高级（国家职业资格三级）化妆师（具备下列条件之一者）
① 经劳动或文化教育机构组织的本职业初级正规培训，达到标准学时数，并取得毕（结）业证书； ② 本职业学徒期满人员	① 取得职业学校、艺术院校、普通中等专业学校相关专业中专以上毕（结）业证书； ② 取得本职业初级职业资格证书后，连续从事本职业工作 2 年以上	① 取得本职业中级职业资格证书后，连续从事本职业工作 5 年以上； ② 取得职业技术学院、艺术院校、普通高等院校相关专业大专以上毕业证书； ③ 连续从事本职业 12 年以上

考核方式分理论考试和实际操作，其中理论考试为闭卷的形式，实际操作为按要求做出化妆造型。

小贴士

化妆师取得高级化妆师资格证以后，还可以通过学习、工作、考核等方法，在积累足够的行业经验之后，逐步取得"化妆技师"、"高级化妆技师"等相关职业资格证书，下面将取得职业资格证书的条件逐一列出，供所有有志于在化妆行业做出一番成就的本专业学生牢固树立起职业目标及人生规划：

（1）化妆技师

满足下列条件之一者即可报名：

① 取得高级职业资格证书后，连续从事本职业工作 5 年以上，经本职业正规技师培训达到规定标准学时，并取得毕（结）业证书；

② 取得高级职业资格证书后，连续从事化妆工作 8 年以上；

③ 取得高级职业资格证书，并从事化妆工作 15 年（含 15 年）以上；

④ 大学本科化妆专业或相关专业毕业，并连续从事化妆工作 3 年以上。

对于长期从事化妆工作或具有化妆专业较高学历和艺术成就者，经审核批准，可以破格。

（2）高级化妆技师

满足下列条件之一者即可报名：

① 取得技师职业资格证书后，连续从事化妆工作 4 年以上，经本职业正规高级技师培训达规定标准学时，并取得毕（结）业证书；

② 取得技师职业资格证书后，连续从事化妆工作 6 年以上；

③ 取得技师职业资格证书，并从事本职业工作 20 年（含 20 年）以上。

对于长期从事化妆工作或具有化妆专业较高学历和艺术成就者，经审核批准，可以破格。

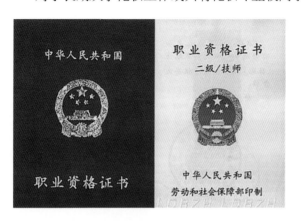

1.2.2 化妆师的就业方向与发展前景

1. 化妆师就业方向

就目前化妆师的就业情况，主要分为两大类，一类为全职化妆师，一类为兼职化妆师。兼职化妆师占大多数，即所谓"自由化妆师"。全职化妆师一般工作在各大婚纱影楼以及工作室等，自由化妆师主要是自己去接单、跑场，这一类的化妆师工作性质比较灵活，但是也比较不稳定。

化妆师目前的就业方向主要集中于以下几大方向：化妆品彩妆公司、广告传媒公司化妆造型、模特经纪公司化妆造型、化妆造型工作室、婚纱影楼、电视台及各类剧组片场等。在具体的工作内容上，可在形象设计工作室、美容院、发廊等担任形象设计师，在化妆品公司、广告公司、剧组、模特经纪公司、秀场、时尚造型工作室、化妆摄影工作室等任化妆师。

2. 化妆师的就业前景

随着现代生活水平的不断提高，人们对美的追求也越来越高，审美意识也在同步提升，化妆造型设计逐步从舞台走向生活，从艺术表现手段演变为美化生活的手段。（就像本书对美容化妆行业的发展前景一样）而造型师又以其时尚、收入高、社会需求量大、易就业、受人尊敬甚至崇拜的职业特点，受到时尚人士尤其是年轻人的热烈追捧，相信随着市场的不断扩大，化妆造型专业人才的需求量也必将越来越大，而化妆师的职业前景必然更为可观。

1.3　化妆师的职业概述

1.3.1　化妆师的个人修养及形象

作为一名化妆造型师，除了具备良好的专业化妆知识和出色的化妆技巧外，化妆造型师的个人素养和职业道德也是极为重要的，也是立足在这个时尚行业里不可或缺的要素。

1. 化妆造型师的职业形象

决定一个人的第一印象中，谈话内容占 7%，肢体语言及语气占 38%，而 55% 体现在外表、穿着、打扮，而这就是美学针对《形象设计概论》总结出来的著名"73855"定律。

（1）发型整洁美观

化妆造型师的发型应以干净利落为基本要求。选择发型，不仅要考虑本人的脸型及性格，更要体现职业特点，做到整洁美观，任何过长、过于零乱的发型，都会有损自身形象，影响工作，同时也会失去顾客的信任。

（2）化妆清新自然

化妆造型师的个人形象可称之为活广告。怪异另类的装扮不适合化妆师的职业身份，作为一名优秀的化妆师，其妆容效果及整体形象应该是自然、清新、柔和、健康的。

（3）着装得体大方

化妆造型师的着装要体现其职业的特点。化妆造型师的穿着要得体大方，以方便工作为准则，服装要干净，不可有污渍和异味，其着装整体搭配协调为好。

（4）双手注意保养

化妆造型师的双手化妆时会经常与顾客的皮肤相接触，所以从职业卫生的角度讲，化妆造型师要十分注意手的保养，应该经常用按摩霜、护肤霜保养双手，拥有一双肤质细腻洁净的手，是一名优秀化妆造型师的必备条件。

（5）语言亲切随和

恰当的谈话技巧是化妆造型师是否能够赢得顾客信任的重要因素之一，化妆造型师要善于了解顾客的心理，迎合顾客的兴趣，学会运用温柔的语气，亲切的语调，选择愉快的话题与顾客交谈，并在交谈中与顾客建立属于朋友间的友谊。

2. 化妆造型师的姿态规范

姿态，即人们所说的站、坐、走的姿势，待人接物的礼貌及言谈举止的仪容，化妆造型师的姿态美来自于日常个人的学习和内在修养，需要在服务中做到举止优雅、文明礼貌，给人以美的感受。

① 站姿。优美的站立姿态：挺胸、收腹、直腰、提臀、颈部挺直，目光平视，下颌微收，双脚呈丁字形或 V 字形站立，身姿尽量做到挺、直、高。

② 坐姿。正确的坐姿：上身挺直，双膝靠拢，两脚稍微分开，化妆造型师在为顾客服务时，身体上部直立，可适当前倾。

③ 步态。正确的步态：行走时头正、身直、步子不要迈太大，双脚基本走在一条直线上，步伐平稳，切忌左右摇摆、上下颤动。

3. 化妆造型师应避免的举止

作为优秀、成功的化妆造型师，应随时避免以下举止：

① 公众场合大声咳嗽，丝毫不顾及他人感受；

② 在顾客面前抽烟、嚼口香糖；

③ 公众场合说话声音大、尖声刺耳；

④ 当着顾客批评同事的技术不规范；

⑤ 与顾客谈论与工作不相干的私事；

⑥ 工作时姿势不端庄，站立时弯腰耸背，走路时身体左右摇摆；

⑦ 在顾客面前把音响或电视机的音量开得很大；

⑧ 背后说三道四，中伤他人；

⑨ 在引导顾客购买自己所推荐的产品时，恶意攻击顾客原来使用的产品品质不良；

⑩ 探听顾客的隐私。

4. 化妆造型师的工作要求

职业化妆造型师给顾客的第一印象十分重要，前面谈到化妆造型师的个人仪容仪表是对顾客的持久性广告，而良好的个人卫生习惯是胜任职业化妆造型师工作的基本保证：

① 双手要加强手部皮肤护理，保持皮肤细嫩、手部清洁、工作前后用酒精适度消毒；

② 工作要化淡妆，随时注意保持个人卫生；

③ 要保持口腔卫生清洁，切忌出现口腔异味，工作前不吃韭菜、大蒜等带有刺激气味的食品，不抽烟，不喝酒，工作中不嚼口香糖；

④ 粉扑要做到一客一洗，进行消毒，化妆工具要定时消毒、清洁，化妆品和化妆箱要保持整洁、干净，要与顾客有所交流，对顾客要热情、诚恳、礼貌；

⑤ 每天坚持沐浴，保持身体清洁，适量使用一点淡淡的、适合个人气质的清新香水为宜。

树立好自身职业化妆师的形象必须举止庄重优雅，谈吐斯文，待人待物热情有礼。首先要有丰富

种类	说明	图片
眼线　水溶眼线粉	水溶眼线粉与眼线刷配合使用，使用时用水调和，适合描画比较夸张的眼线效果	
假睫毛	假睫毛一般分为自然的、浓密的、创意的，还有各种质感的下睫毛。假睫毛的主要用途是使眼妆的效果更立体、眼睛更漂亮，其材质一般有毛发材质、纤维材质，也有用羽毛等材料制作的特别材质的假睫毛	
假睫毛胶水	假睫毛胶水分黑色胶水和白色胶水两种，主要用来粘贴假睫毛，也可以用来粘贴水钻等装饰物，黑色胶水也可以兼做眼线	
睫毛膏	睫毛膏用于涂抹睫毛，目的在于使睫毛浓密、纤长、卷翘，以及加深睫毛的颜色。通常包含刷子以及内含涂抹用色且可收纳刷子的管子两大部分，刷子本身有弯曲型也有直立型。根据睫毛膏的质地可分为霜状、液状与膏状，比较常用的色彩是黑色和深棕色，也有用于创意妆容的彩色睫毛膏	
眉笔	眉笔有两种形式，一种是铅笔式的，另一种是推管式的，是供画眉用的美容化妆品。其优点是方便快捷，适宜于勾勒眉形、描画短羽状眉毛、勾勒眉尾。不足之处是描画的线条比较生硬，不能调和色彩，因为含有蜡，在温热和潮湿的环境下易脱妆。眉笔一般有深棕、浅棕、灰色、黑色几种色彩	
眉粉	用眉粉刷蘸取眉粉均匀地涂于眉型范围内，由眉头向眉尾方向轻涂，力要匀，眉粉比眉笔画出的眉型自然。眉粉主要用来处理眉毛的深浅和宽窄，一般有灰色、深棕、浅棕等几种色彩	

2.1.4　修容系列

1. 腮红

腮红可分为腮红粉、腮红膏和腮红液三种，使用腮红后会使面颊呈现健康红润的颜色。如果说，眼妆是脸部彩妆的焦点，口红是化妆包里不可或缺的物件，那么腮红就是修饰脸型、美化肤色的最佳工具。

种类	说明	图片
腮红粉	腮红粉是最常用的晕染腮红的材料，一般分为粉嫩色、橘色、玫红色、棕红色等几种色彩，上妆持久性好	
腮红膏	腮红膏一般在蜜粉定妆之前使用，显色效果强，会使面部肤色更自然、脸色更粉嫩，有一种由内而外散发的自然红润感	
腮红液	腮红液可以与皮肤更好地融合在一起	

2. 双修粉

双修粉是双色修容粉的简称，是暗影和提亮粉的组合，比如一白一咖，用来修饰面部，使之有立体的感觉。暗影主要用来修饰面颊、颧骨下陷、鼻根等位置，提亮粉用来提亮鼻梁、眉骨、下眼睑、下巴等位置，通过明暗的结合使五官更立体。

2.1.5 唇妆系列

种类	说明	图片
亚光口红	亚光口红含色素最多、颜色最浓，主要用来塑造立体感强、轮廓清晰的唇形，它本身没有光泽也不反光，但能长时间保持不褪色。其特点是比较有厚重感，比较适合表现以唇为重点的妆容，由于不含滋润成分，所以不适合薄唇和唇纹较多的对象。	
光泽感口红	光泽感口红油脂含量高，所以显得光亮，而且色彩稍浅，轻薄透明。这种口红一般略微黏稠并带有香味。易擦拭，滋润度很好，经常和亚光口红或唇蜜搭配使用，可以达到颜色和光泽并存的效果。	
唇彩	唇彩含有一些反光粒子，如云母、矽土、人造珍珠或者鱼鳞。以浅色为主，主要用于滋润唇色，调和唇与整体妆容的协调性，质感亮泽轻薄。	
唇蜜	唇蜜介于亚光口红和光泽感之间，比亚光类含蜡多，所以对双唇的保护度更佳，但也常使嘴唇干燥。与唇彩相比，唇蜜比较黏稠，密度较高，使用后可以使唇看上去更立体滋润。	

2.2　人体头面部结构解析

化妆师通过不同的化妆手法将化妆对象变美是其终极目标，那么将化妆对象打造成什么样的整体效果才是美的呢？要实现预期设定目标，需要化妆师通过一个标准去衡量。东方人的五官普遍趋于扁平，没有立体感，而现在所流行的审美观念却越来越西化，对于我们日常所接触的大众化妆对象，这些现行因素并不影响五官比例的审美标准，只在对某些细节的结构处理上要求化妆师对化妆对象的五官塑造要更加立体。

在我们的日常生活中，所谓"千人千面"，每个人都有自己独特的五官特点，即使外型、五官特征长得再像的人也会有所区别，而正是这些区别使不同的化妆对象五官比例与标准产生了不同差异。化妆师要通过化妆技术使化妆对象的五官比例更接近这种标准，自然就达到了唯美所要求的效果，化妆师要明白：化妆对象的五官是内收式的轮廓，使横向和纵向以及侧面达到一定的比例才能让这个轮廓更加完美。

2.2.1　正面

传统意义的"三庭五眼"是衡量一个人面部五官是否标准的基本理念。我们经常会发现有的化妆对象五官分开来看非常精致漂亮，但是组合在一起怎么看都不是那么协调漂亮，而有些化妆对象五官长得都很一般，但组合在一起却很"耐看"，很有气质。其实，给人造成以上这些感觉都是因为化妆对象的不同五官比例所造成的，标准的五官比例为"三庭五眼"。

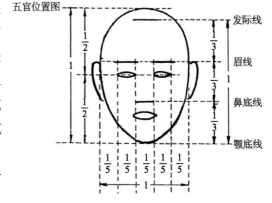

三庭是指化妆对象的面部轮廓正面纵向自上而下分为上庭、中庭、下庭。

① 上庭：额头发际线至眉心的位置；

② 中庭：眉心至鼻尖的位置；

③ 下庭：鼻尖至下颚的位置。

当上庭、中庭、下庭三部分之间的高度比例是 1∶1∶1 时，三庭之间的比例才是标准的。

五眼是指化妆对象的面部轮廓正面横向宽度是以眼睛为基准形成五只眼睛的宽度之和：如果两眼之间的距离刚好等于一只眼睛的长度，外眼角至鬓角侧发际线的距离也刚好等于一只眼睛的长度，在横向上形成 1∶1∶1∶1∶1 的比例的时候，五眼的比例就达到了标准的比例。

现实生活中，人们在衡量一个人是否漂亮是很主观的，因为这与每个人的审美有关，但说一个人长相好看却是有着共同标准的，就像想写一手好字要先练习楷书，再写行书，通过量的积累就可以练就一种属于自己独特风格的道理一样。化妆师为化妆对象进行妆容设计处理，首先要将其化好看，然后在妆容效果上呈现出其独有的"味道"。

1. 眉毛的黄金比例

化妆师在学习初期除了要对人物面部结构及五官比例有所掌握之外，还要对眉毛的黄金比例有充分的认识，这样才能根据化妆对象的特点处理好眉型。眉毛由眉头、眉峰、眉腰、眉尾四部分组成。所谓眉毛的黄金比例，说的就是眉头、眉峰、眉尾三点之间的比例，这三点之间的弧度和长度也就决定了眉毛的形状，而最佳的比例之分就是与化妆对象的脸型的最佳契合度。

①眉头：最能反映眉型的精、气、神，同时所占眉毛的比例也最重，眉头的最佳比例是与鼻翼和眼头在同一条直线上，如果化妆对象的眉头与另外两点对不上，或者超过了，化妆师应该在第一时间对其进行填补或者剔除，以确定眉头最佳的比例位置。

②眉峰：眉峰的弯度能反映眉毛的柔和度，而眉峰的高低则与化妆对象个人的气场形成正比，眉峰的最佳比例是与鼻翼和眼球在同一直线上。

③眉腰：与眉峰相对应的下缘部位是眉心，而眉腰所指的是眉心到眉头之间的这一弧形部分，整个眉型的弧度将对化妆对象的气质起决定性作用。

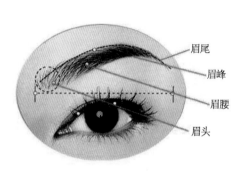

④眉尾：眉尾的长短能对化妆对象的脸型轮廓起到很好的调整作用，它能决定其上半部分的脸型和脸颊的大小，如果眉毛整体处理得太短，会给人脸大的感觉。通常眉毛整体长度的最佳比例是眉尾与鼻翼和眼尾在一条直线上。

眉毛的形状虽然样式很多，但一个完整的眉型必须与化妆对象的脸型相吻合，才能助其修饰脸型的缺点，拥有百分百完美的妆容；相反，如果眉型处理得有瑕疵或不适合化妆对象的脸型，就会暴露面部的缺陷，同时整体的眼部妆容效果也会大打折扣。下面讲解一下不同的脸型所适合的眉型。

（1）瓜子脸的最佳眉型

瓜子脸的特点：标准脸形，俗称鹅蛋脸，一般脸型上部饱满，下部略尖。

最佳眉型：眉头与内眼角垂直，眉头和眉尾在一条直线上，眉峰在眉头到眉尾长度的2/3处。

（2）圆形脸的最佳眉形

圆形脸的特点：天真可爱、面部圆润饱满，脸部整体轮廓呈圆形。

最佳眉形：适合略微上扬的眉形，眉头和眉尾不在一条水平线上，眉尾的水平位置要比眉头略高。

（3）方形脸的最佳眉形

方形脸的特点：脸部的整体纵向距离比较短，给人感觉轮廓感强，缺少柔美感，并且稍显生硬。

最佳眉形：适合弯度适中，眉腰部位有圆弧感觉的拱形眉，这种柔和的线条会打破方脸的生硬感觉。

（4）长形脸的最佳眉形

长形脸的特点：上部发际线到下巴位置落差较大，而左右侧横向之间距离又偏小。

最佳眉形：在修眉的时候可以将两眉之间的距离修开一点，增加面部左右的开阔度，为了使脸部特征显得饱满，可以缩小眉毛的长度。

2. 唇妆

唇妆是化妆师进行整体妆容修饰的重点。一个完美的唇妆处理不仅是面部化妆的点睛之笔，而且利用矫正画法对问题唇型进行不同处理也可以给化妆对象带来视觉效果上的惊喜。

唇部分为上、下唇，上唇水平位置突起的两个最高点部位称为唇峰，中间凹陷的位置称为唇谷；上唇的二分之一称为唇瓣，中间凸起的最高点称为唇珠；上下嘴唇开合的部位称为口裂，左右两侧称为唇角；下唇最凸起的部位称为唇底。

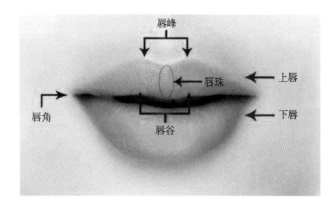

（1）标准唇型的各部位比例

① 宽度：当化妆对象的双眼平视前方时，沿两眼的黑眼球内侧向下画两条垂直延长线，两条延长线之间的宽度就是唇型的标准宽度。如果两唇角在延长线内，则唇型偏小；如果两唇角在延长线外，则唇型偏大。

② 厚度：标准唇型的上下唇比例为 1∶1.5。

③ 唇峰的位置：在唇型正中垂直画一条线，将唇垂直分为左右两部分，唇峰的位置在唇角到唇中线垂直位置的三分之二处。

④ 下唇：下唇的形状像下弦月，形状圆润有弧度。

（2）唇型的矫正

唇型从外部轮廓的线条上来说可以分为两种：一种是外轮廓圆润的弧形唇线，给人成熟、女人味十足的感觉；另一种是外轮廓呈棱角式的唇线，这种唇型给人年轻、可爱的感觉。

① 左右唇角距离较远。使用比基底色略深一号的粉底，将偏宽的唇角部位进行覆盖，用唇线笔根据化妆对象特点画出理想的唇型并用唇膏进行修饰，注意唇线颜色要与唇膏融为一体。

② 左右唇角距离较近。使用基底色或稍深号粉底色对唇部进行覆盖，用唇线笔将唇角加宽，唇部扩出的部位用偏深色的唇膏进行处理，可以从视觉上将化妆对象唇型变宽。

③ 上下唇厚。使用比基底色稍深一号的粉底对唇部进行覆盖，在重新描画唇部时，先使用唇线笔确定整个唇型轮廓，之后再使用唇膏进行遮盖处理，注意唇色最好使用偏深色系列，这样能更好地起到收敛效果。

④ 上下唇薄。使用基底色或稍深一号粉底色对唇部进行覆盖，根据化妆对象特点对上下唇线外扩，因浅色系唇膏在视觉效果上有放大效果，所以不要画出明显的唇线，然后使用浅色唇膏填色，上下唇中间部位使用适量唇蜜或唇釉进行提亮，使整个唇部轮廓显得饱满。

⑤ 左右唇角下垂。使用基底色对唇部进行覆盖，在嘴角下垂的延伸线上用提亮色进行修饰，可从视觉效果上削弱嘴角下垂的感觉。处理上唇线时可将嘴角略上翘，上唇的宽度大于下唇，可以达到提升嘴角的效果。

化妆师要注意的事项：无论是唇型外扩还是内收，水平、垂直距离都不能超过原唇型 2 mm，不然会显得化妆的修饰痕迹过重。

2.2.2 侧面

化妆师在化妆过程中，仅仅对化妆对象的"三庭五眼"按比例标准进行化妆技术处理之后，还不能说化妆对象妆面已经处理完毕，因为化妆对象的侧面轮廓同样起到了至关重要的作用，只有当化妆对象的侧面轮廓感清晰分明，其五官特征才能更立体，所以说"三庭五眼"仅仅是在平面的视角上去评定五官标准与否。

从侧面的轮廓来讲，只有当化妆对象的五官特征产生高低起伏的错落感才能使五官轮廓感的曲线更显优美。额头、鼻尖、唇珠、下巴尖都应该是微微鼓起的地方，而鼻额的交界处、鼻下人中沟、鼻根与内眼窝之间都应该是稍微低的地方。

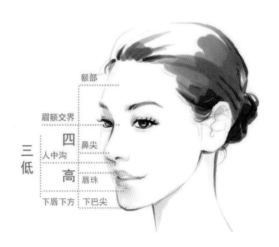

只有综合了以上这些标准要求，化妆对象的五官特征才算基本标准，不过化妆对象的脸型因素同样能决定其是不是足够美。化妆师进行妆容处理过程中的每一个细节，都会影响化妆对象最终呈现出来的化妆效果，所以能否在其本色条件下变得更美，还需要化妆师更深层次去剖析这些人物细节特征，通过不同的化妆技法去矫正这些人物特征基本比例上的不足。

2.2.3　面部骨骼与肌肉

我们所服务的化妆对象头颅基本上都是圆头颅，外观圆润，面部五官不够立体。对于面部骨骼和肌肉的了解和掌握有助于我们更好地了解面部的立体构成，这样就可以通过各种不同的化妆手法来完善化妆对象的妆容处理效果。化妆师在化妆设计过程中，所谓的妆面处理就是将一张面孔的方圆、长短、大小、胖瘦结合进行修饰处理，具体来说就是考虑化妆对象的眼睛大还是小，鼻梁高还是低，嘴巴丰满还是薄扁。

五官与脸型轮廓是依附于骨骼、肌肉与皮肤的，所以要求化妆师在化妆设计之前一定要对化妆对象进行头部骨骼原型分析。

1. 骨骼的认识

（1）脸的形成

脸是由形状不同的骨骼上附着厚薄不一的脂肪，以及皮肤构成。

（2）脸部的凹凸结构

①凹面：额沟、颞窝、眼窝、颧弓下陷、颊窝、鼻唇沟、人中沟、颏唇沟。

②凸面：额骨、额丘、眉弓、颧弓骨、鼻梁、下颌角、下颌骨、下颏、下颏丘。

- 额骨：额骨决定一个人的额头是饱满还是凹平。

- 颞骨：颞骨决定一个人前额部位的宽窄。

- 眉弓骨：眉弓骨决定一个人眼睛的轮廓是凹陷还是凸出，如果眉弓骨明显，则所形成眼睛轮廓结构就比较明显。

- 鼻骨：鼻骨决定一个人的鼻形，就会出现高鼻梁、塌鼻梁的人物特征。
- 颧骨：颧骨是形成脸型棱角的主要部分，颧骨较平，则基本上是椭圆形等标准脸型；如果颧骨较为凸出，则多形成圆形脸；如果颧骨特别突出，则会形成棱形脸。
- 上颌骨：上颌骨对嘴巴的外形轮廓起决定作用，有些化妆对象嘴型怎么调整都与五官整体感觉不协调，其实就是不完美的上颌骨所致。
- 下颌骨：下颌骨也是影响脸型整体轮廓的重要因素，下颌骨如果转折不明显，脸型一般为瓜子脸等标准脸型；下颌骨如果很明显，则形成方脸型或国字脸等。

小贴士

不同的骨骼形成不同的脸架，只有相似没有完全的相同。

2. 化妆与脸部肌肉结构

化妆对象的面部肌肉附于骨上，肌肉具有伸缩性，所以化妆对象会有各种神态表情。

影响化妆对象脸型特征的肌肉主要有额肌、皱眉肌、眼轮匝肌、鼻肌、颧肌、颊肌、咬肌及口轮匝肌等。

人体的肌肉覆盖于骨骼之外，大多是两头附着于骨骼，它们都是随着人的意识所支配，因此叫随意肌，唯独只有面部肌肉大多数一头附着在骨骼上，另一头则是附着于皮肤。它们虽然也可以受意识的支使，但是最主要的是在化妆对象情绪的影响下专管传达脸部细致而又复杂的感情，故称表情肌。

脸部肌肉的生理结构：

① 额肌：额肌的上面是颅顶肌，向下附着在鼻部的上端和两侧以及眶上缘的皮肤，额肌的肌肉纤维运动方向是上下的，外表皱纹的生成方向与肌肉的生长方向成垂直关系，因此额部的皱纹是略带波纹的横行纹。

② 颞肌：从颞窝开始往下延伸至颧骨内侧，用门牙咀嚼时活动最多。

③ 皱眉肌：位于眉间两旁的骨面上，各自左右与额肌眼轮匝肌相交错，而附着于眉和眉毛中部的皮下，由于皱眉肌活动频繁而使眉间形成的皱纹是竖形的，形似"川"字。

④ 降眉间肌：起于鼻骨下部，向上附着于鼻根与眉间的皮肤，此肌肉主要与皱眉肌一起形成面部表情，使眉收缩下降，在鼻根处挤出一条或数条横纹。

⑤ 眼轮匝肌：在眼眶周围，肌肉纹理走向沿着眼眶围绕。肌肉扁薄，作用是睁闭眼睛，辅助眨眼动作。由于眼部运动比较多，且表情变化大，脸部周围随着年龄增加，会产生一定的皱纹，皱纹方向于眼轮匝肌方向垂直，呈放射状。

⑥ 鼻肌：分横部、翼部、鼻中隔三部分，横向走向，鼻梁皮肤左右相接于鼻梁部。翼部走向，鼻翼附着于皮肤，鼻中隔附着于附近的皮肤。鼻肌是不发达的肌肉。在鼻部于鼻梁方向十字相交，因此鼻的皱纹是与鼻梁平行的。

⑦ 颧肌：起于颧弓前，在上唇方肌外面，呈斜向方向起于颧丘，止于口角，收缩时面颊部位形成弓形沟纹。

⑧ 上唇方肌：上端分三个头，三头向下合为一股，附着在鼻翼旁的鼻唇沟皮肤，一部分与口轮匝肌相连。

⑨ 笑肌：形成人物的微笑表情所作用的面部肌肉，位于嘴巴左右两侧对称各一块。

⑩ 下唇方肌：起于颏结节两旁的下颌边缘，向上斜行，附着于下唇皮肤及黏膜内。

⑪ 咬肌：外形呈长方形的浅层肌肉，位于面颊部的侧面。上面起于颧弓前半段的骨面，主要帮助咀嚼食物。

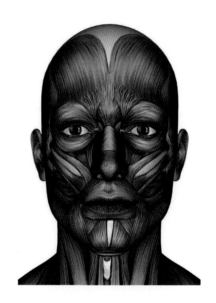

小贴士

化妆对象的面部肌肉瘦弱与发达也会影响脸型轮廓，而且肌肉因年龄的变化其形态也不同。一个人随着年龄增长出现了下眼袋、深沉的鼻唇沟时，就是因为面部肌肉逐渐松弛下垂所致。一个生活富裕安定的老人，其面容因长久满足，面部饱满富有光泽，而显得很慈祥；一个生活贫困且焦虑郁闷的老人，其面容会很深沉失落，这是因为固定的神态长期保持下来形成这个人的面相特征。所以有"富贵相"一说，不无道理。

3 化妆色彩知识

3.1 色彩的基本知识

3.1.1 色彩原理

色彩是化妆造型的重要表现手段和语言，学好化妆造型首先要了解与色彩相关的基本原理及基础知识，了解如何在化妆造型的过程中进行合理地色彩运用。

1. 色彩与光

光是色彩产生的重要条件。人类的生活环境离不开光，我们所能看到五彩缤纷的世界正是由于光的存在，如果没有了光，世界将会是一片黑暗，我们所讲解的人类视觉感官功能也就失去了意义。

最常见的光有自然光，如太阳光、月光等；另外就是人造光，如灯光、火焰等。色彩学是以太阳作为光源来解释光和色的物理现象的。1666 年，英国科学家牛顿 (1642—1727)，通过一个小孔将射进屋内的阳光用三棱镜进行分解，将太阳光分离成色彩的光谱，被称作光的散射，即可以产生一条红、橙、黄、绿、青、蓝、紫七种颜色的顺序的标准色带。牛顿之后又对每种色光进行分解试验，发现每种色光的折射率不同，但不能再分解；之后他又把光谱的各色光用透镜重新聚合，结果又汇成了与太阳光相同的白光。由此牛顿得出两点结论：一是白光是所有不同色光混合的结果；二是两种单色光相混合可以出现另一种色光，例如，红光与绿光相混合呈黄光，蓝光与红光相混合是品红光。

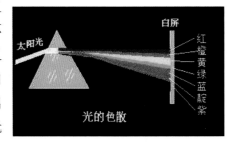

光的色散

世界上所有的物体（指不发光的物体）都有反射和吸收不同波长色光的特性。例如，红色的物体就是因为它有反射红色光而吸收其他色光的物性，被反射出来的红色光作用于我们的眼睛，因此物体看起来就是红色的；白色的物体是由于它有反射一切光的特性，因此看起来是白色的；黑色的物体是由于它有吸收一切光的特性，不反射任何光，所以看起来物体就是黑色的。

自然界的所有物体对光的反射和吸收并不是绝对的。一个物体能反射某一色光不等于其他色光完全不反射，只是反射某一色光是主要的，而反射其他色光的能力相对较弱，程度不一样而已。不发光物体有反射某种色光的特性，光照强度的大小使该物体具有不同程度的"发光"效应，也能影响其他物体的颜色。例如，一个白色物体的背光部位附近有一个红色物体，那么白色物体的暗部反光部位就会出现带有红色的感觉。所以说物体的颜色并不是固定不变的，同一物体在不同光源、不同环境的影响下，它的颜色是会随之发生变化的。

2. 色彩与视觉

人类能感受到色彩的存在就必须依靠人类的视觉器官——眼睛。人的眼睛又是如何看到颜色的呢？这主要取决于人的眼视网色彩与视觉膜上的生理构造和人的大脑，人的眼睛视网膜上有两种细胞——视杆细胞（圆柱细胞）和视锥细胞。视杆细胞能分辨出明暗、黑白，而视锥细胞能分辨出色彩，也可以微弱地分辨出明暗，只有在较强的光线时，视锥细胞才起作用。

视锥细胞分辨颜色，是由于其中存在着感红、感绿、感蓝这三种视色素，也称之为"红敏视锥细胞""绿敏视锥细胞""蓝敏视锥细胞"，它们好像是色光的三种不同接收器，能分别对红、绿、蓝色光兴奋，把接收到的光波转换到神经脉冲中，再把信息传给大脑，使得我们能感觉到色彩。

3. 色彩的分类

（1）色彩分为有彩色系和无彩色系

①有彩色系：红、橙、黄、绿、青、蓝、紫以及它们所衍生出的其他各种不同色彩，均属于有彩色系。

②无彩色系：无彩色系是指黑色、白色以及深浅不同的灰色。

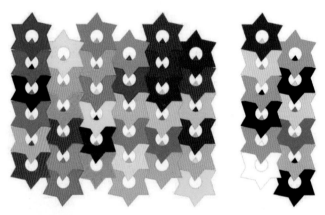

色环的色彩分类是从日常生活中联想和感觉而来的。

（2）在色环上色彩分为冷色系和暖色系

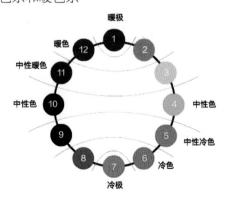

①冷色系：蓝、蓝紫等色使人感到寒冷，所以称之为冷色。

② 暖色系：红、橙、黄等色使人感到温暖，所以称之为暖色。

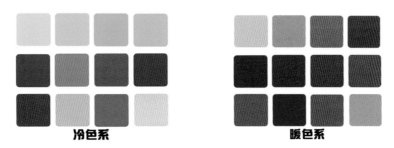

色彩的冷暖不是绝对的，而是相对的。同一色相也有冷暖之分，例如蓝紫色与蓝色相比，相对较暖，而蓝紫色与紫红色相比则显得比较冷。

3.1.2 色彩常识

1. 色彩的三要素

色相、明度、纯度被称之为色彩的三要素，首先我们需要对什么是色相环有所了解。

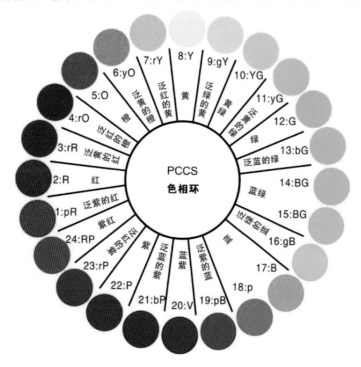

（1）色相

色相是指色彩的相貌，就像人的相貌一样，是色彩的第一特征。我们通过色相可以区别不同的色彩，通过色相为不同的颜色命名。

色相

① 三原色：原色是指能配出其他颜色的基础色。色光的三原色是红、绿、蓝。颜料的三原色是红、黄、蓝。颜料中的三原色是其他颜色混合后无法得到的颜色，将三原色按不同比例调和，可以调配出无数色彩。

② 三间色：由三原色中某两种原色混合而来的，也称为第二次色，如红＋黄＝橙，黄＋蓝＝绿，

蓝＋红＝紫。

③ 复色：将三原色中的一种原色与间色或两种间色相混合得出来的色称为复色，色彩相加得越多，得到的颜色也就越多。复色是三种以上的颜色混合而成，任何复色均可找到三原色的成分，出现色彩差异只是因为三原色相混合时所占比重不同。复色极其丰富，它给人类视觉艺术感官带来丰富的语言。

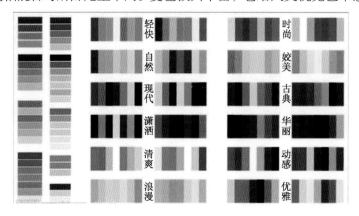

（2）明度

明度是指色彩的明暗程度，也就是我们平时所说的深浅程度。同一种颜色因为其广度的不同可以分出多个深浅不同的颜色，由深到浅按明度依次排序，也就是我们所说的色阶。

（3）纯度

纯度是指色彩的鲜艳程度，也称之为饱和度。色彩越纯，饱和度越高，色彩越艳丽。纯度高的色彩中添加黑色就降低了色彩的纯度，而添加白色就提高了它的明度。

2. 色彩的混合与变化

人们所看到的自然界的色彩，极为鲜艳的纯色是不常见的，大部分的色彩都是复合色，其色彩的形成是比较复杂的，我们在学习色彩的时候，首先要了解色彩学中的一些常用的名词术语，懂得它们各自的含义，进而才可以学习和掌握色彩形成的规律。

（1）光谱色

太阳光中的红、橙、黄、绿、青、蓝、紫七色光称为光谱色，光谱色是最饱和的纯色，也称标准色。

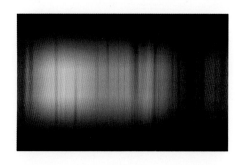

（2）同类色

同一种颜色中加不同等份的白色或黑色得到的深浅不同的颜色，如淡黄、中黄、土黄。

（3）邻近色

色相环上相互邻近的几个色，处于 30°~60° 左右的邻近色。任何一色为指定色，凡是与颜色相邻的色彩就是它的邻近色，如橙红、橙、黄、柠檬黄、草绿等就是邻近色。（下图为邻近色的实例设计运用）

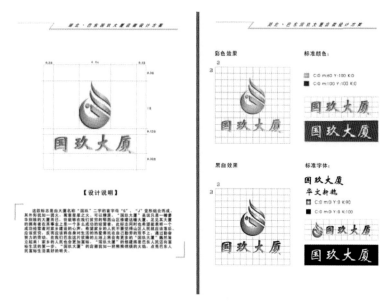

（4）对比色

对比色是指在色相环中处于 120°~150° 的任何两个颜色。色彩中互为补色的有无数对，对比色具有活泼、明快的效果，在化妆造型领域被广泛应用。

（5）互补色

色环直径两端的色彩称为互补色。互补色是对比最强烈的色彩，其组合容易造成炫目的不协调感，所以互补色的色彩组合的妆容需要调整好明度、纯度之间的关系。

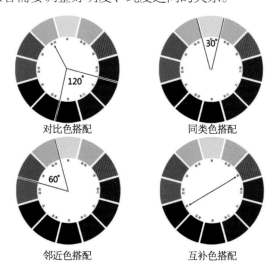

对比色搭配　　　　同类色搭配

邻近色搭配　　　　互补色搭配

（6）冷色、暖色、中性色

能够给人一种温暖的感受，通常称为暖色，如红色、橙、黄，与太阳、火焰一般；而蓝色与海水联想起来，产生一种清凉、寒冷的感觉，通常称为冷色。色彩中的绿色、紫色则称为中性色。

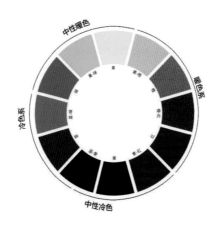

色彩的冷暖并不是绝对的，而是相对的，是在色彩的比较中存在的，如橙红比大红显暖，大红比紫红显暖。

3.2　色彩的感知度

作为一名化妆师，除了掌握一定的色彩基本知识，还要具备一定的色彩联想能力和心理感知因素。色彩是通过眼睛成像给我们大脑提供外在事物的相关信息，各种不同的色彩对我们来说不仅是视觉上产生的影响，对于心理上也会造成不同感官认知和影响，所以说只有当一名化妆师对色彩的这些特性有了一定的了解和掌握后，才能更好地为对象进行化妆造型整体设计。

由商品本身、广告宣传、商场购物环境或其他多种条件给消费者提供的色彩感知而联想到其他事物的心理活动过程，称为色彩联想。当人们看到某种颜色时，便不由自主地联想到在生活的不同经历中所遇到过与之相关的感觉，从而引起心理上的共鸣，不同的颜色，会使我们产生不同的感情和象征意义。

色彩的冷暖感、明暗感、轻重感、软硬感等是人们的一种心理现象，与实际的色彩物质并无直接的关系。大部分人都认为色彩的情感是因为人的联想而得到的，根据这种"联想说"的说法，红色之所以具有刺激性，那是因为它能使人联想到鲜血、火焰、战争等；绿色带给人思想上的反应则来自于人们对大自然中象征生命气息的树木和绿草感觉；蓝色带给人思想上的反应则来自于蔚蓝的天空和大海。除此之外，强烈的光照、高浓度和电磁波长的色彩都能使人产生兴奋，例如，一种纯度极高的红色绝对比一种色度暗沉和灰度较大的蓝色更能使人感到兴奋、激昂、热情、温暖。

色彩的冷暖感是进行色彩区别的重要标志之一，在绘画中善于利用色彩冷暖的对比与统一是提高绘画作品表现力、感染力的两种强有力的手段，这种方式也被化妆师经常运用于妆面表现中。

色彩的轻重感、软硬感与色彩的明度之间有着极大的关联，色彩明度高的颜色会显得轻、软，反之色彩明度低的颜色会显得重、硬。

除此之外色彩也会使人产生味觉上的联想，虽然不像色彩的冷暖感那样直观，甚至似有非有、若隐若现，但色彩给人带来某种味觉上的联想是客观存在的事实。不论是西餐，还是中国古老的烹饪学，都很注重食物之间"色、香、味"的相互搭配，这足以反映出色彩在人们的心理上产生的联想直接影响着人们的食欲，假如新鲜的果汁榨出之后是灰色的，刚出炉的烤鸭是绿色的，给人心理上造成的结果是可以想象的。色彩联想在人们日常生活消费的行为中表现得十分普遍，尤其是在卖服装、化妆

小贴士

我们在处理底妆的时候，可以将膏状粉底与液状粉底的优点相结合，达到预期中最好的底妆效果。

4.3.3　常用涂抹粉底的步骤

第一步：使用密度较大的圆形粉扑在化妆对象整个面颊部位大面积使用液状粉底，直至呈现出自然通透的底妆效果。

第二步：用比化妆对象基础肤色浅一号的膏状粉底，以点压的方式涂抹在其眼周和 T 字部位等局部位置，进行局部效果提亮，在保证底妆效果达到薄、润、透的同时，制造出面部五官的层次感、立体感，并且起到对化妆对象面部瑕疵进行遮瑕的效果。

在处理好化妆对象的粉底之后，定妆也是保证底妆效果的一个重要步骤。化妆师可以选择散粉刷与干粉扑相互结合的方式处理散粉，散粉刷蘸适量的蜜粉，均匀地涂抹于化妆对象面部，一定要控制好力度，力度过大容易破坏粉底与皮肤的衔接和底妆的洁净度，最后化妆师再用干粉扑为局部散粉刷不容易触及的地方定妆，之后将多余的浮粉进行清理即可。

4.4　化妆的基本流程

4.4.1　化妆前的准备工作

化妆前的准备工作是化妆师必不可少的程序，只有进行充足的化妆前准备，才能使化妆工作有序进行。化妆前的准备工作是否完备，是否能有条不紊地完成化妆的每个程序，是顺利完成整个化妆工作的重点，是判定一名化妆师是否专业、是否优秀的基本标准。

1. 化妆台的准备

化妆师要在化妆前对化妆对象的外形特征和妆容效果完成之后使用的环境和场合清楚了解，以便确定妆容的风格定位，然后根据化妆的要求，准备好化妆台，台面应该能摆放下化妆时所需的全部物品，台上要有一面大小适中且清晰度高的镜子，台前放置好一把供化妆对象使用的化妆椅和一个化妆师使用的化妆凳。

2. 灯光的准备

化妆台前要有相应配套的照明设备，光源的强弱和呈现的光源效果好坏会直接影响化妆的最终效果。选用灯光时要注意以下几点：

① 化妆时的灯光要与化妆对象在化妆后所处环境的光线接近，这样才能保证妆容效果不会发生变化。

② 化妆时的灯光照射角度很重要，化妆时的光线应该从正前方照射，光源过高或过低所呈现的光线会使人的面部出现阴影，从而影响妆容呈现效果。

3. 化妆品及化妆工具的准备

将化妆时所需使用的化妆用品、工具和材料以及有关头饰等准备齐全，按照其使用顺序放在远近不同、取放方便的位置，并摆放整齐。将眼影盘、散粉等化妆品打开；将化妆刷等化妆用具展开平放于化妆台上；将笔类化妆工具削好放入笔筒；将唇刷的刷头清洁干净后再次用酒精消毒并擦拭干净；将粉扑和海绵布用水清洁干净呈半潮状态放置整齐。

4. 其他相关准备工作

① 化妆开始前，化妆师应注意个人清洁卫生，用温水洗净双手，用凡士林或棉花球浸少许酒精把双手擦拭干净。在条件许可的情况下，建议化妆对象用温水把脸和手深度洁净。

② 请化妆对象就坐，舒适度适中即可。

③ 用发带或发卡将影响化妆操作的垂发固定好。

④ 用专业的围布或者洁净的白毛巾在化妆对象胸前固定好，以免遗落的眼影或散粉将化妆对象的服装弄脏。

5. 化妆师的站、坐姿

（1）化妆师应位于化妆对象右侧开始工作，并始终保持这个位置。化妆师在进行化妆时，左手尽量不要放在化妆对象的头部、肩部，以免化妆对象有不适感。

（2）化妆师要与化妆对象保持一定的距离，不能将身体靠在化妆对象身上。

（3）在化妆过程中，化妆师要随时转身通过镜子检查化妆效果，而不要凭自己主观臆断，肉眼面对面进行检查，导致影响整体效果。

4.4.2 化妆的基本程序

1. 观察和沟通

除了善于观察、善于沟通，善于察言观色也是一名化妆师必备的能力之一。

① 化妆师要善于观察化妆对象的容貌，根据"三庭五眼"的比例关系，运用相对应的技术进行优点强化，展现其特征优点，矫正其特征缺点。

② 化妆师通过与化妆对象的交流，了解其性格特点、服饰颜色喜好，以及化妆后所出入的场合等，为下一步化妆操作打下良好的基础。

2. 护肤

完美的妆容离不开前期的基础打底，皮肤有了足够的水分才不会掉妆、花妆，因此妆前化妆师应该对化妆对象做好相应充足的基础保湿工作。保湿霜、妆前乳和面霜所产生的效果将影响整体妆容的服帖度和自然度，如果妆前乳足够滋润的话，可以省略保湿霜、面霜这一步。

3. 上粉底（液状 / 膏状）

护肤工作完成之后，上妆第一步就是涂粉底液。经过沟通，化妆对象如果需要自然轻薄的妆效，化妆师可以直接用指腹或者专业粉底刷涂抹粉底，在特别需要均匀肤色的地方，比如鼻翼两侧和嘴角边可以用化妆海绵加以修饰；化妆对象如果需要强调遮盖效果，那么化妆师可以借助专业的粉底刷将粉底均匀扫在全脸，可多扫两层以确保粉底的遮盖效果，如面部粉刺、痘印或斑点。

小贴士

如果化妆对象需要使用防晒产品的话，这一步骤是在护肤之后，上粉底之前。

4. 遮瑕膏

涂完粉底，可以悉心查看一下化妆对象脸上有哪些瑕疵的部分需要修正，然后使用遮瑕膏局部进行遮盖。

5. 定妆

定妆这一步很重要，可以令粉底持久不脱妆，起到柔和妆面和固定底色的作用，也能让皮肤看起来更完美，是保证妆面干净持久的关键步骤，同时为后面的上妆步骤做好准备。操作时用粉刷或者粉扑蘸取少量粉，使用按压的手法轻扫，均匀覆盖至化妆对象面部，注意一次不要蘸取太多粉。

6. 眼妆

上眼妆的步骤如下：

（1）眼影

可先选择浅色的眼影，蘸取眼影后确认好用量，调整到理想的浓度。以唯美妆为例，用平涂的手法平铺上眼睑，然后选用深色眼影从睫毛根部开始描画眼影，靠近睫毛根处的眼影颜色最深，向上颜色减淡，色彩与色彩之间不能有明显的分界线，色彩要过渡自然，刻画出晕染效果。

（2）眼线

在上下睫毛根部画上眼线。初学者可以采用分段式画法，将整条眼线分三段来画，最后连接起来。如果担心眼睛无神，也可以在上内眼睑画上内眼线，注意下面不要画得太粗太重。之后，小幅移动，描画填补睫毛根部空隙。最后，用棉花棒拖拽眼尾眼线，往后自然晕开，好让收尾的地方看起来不那么刻意呆板。

（3）睫毛膏

刷睫毛膏之前，先用睫毛夹卷翘睫毛。为了得到最佳效果，将睫毛分为根部、中间、尖端三部分分别卷翘。化妆师可根据化妆对象妆面需要，选择使用适当的假睫毛，将真假睫毛衔接好，处理成从睫毛根部自然伸出的平翘状态，然后横握睫毛膏刷，从睫毛根部开始向尖端采用"Z"字形涂刷方式仔细涂刷。

（4）眉毛

确定好化妆对象适合的眉型，用眉笔或者眉刷蘸取适量的眉粉，沿眉型轮廓打造眉型效果，最后用眉刷晕染自然。

确定好化妆对象的眉型之后，可以适当使用染眉膏将眉毛梳顺。

7. 唇妆

上唇妆的步骤如下：

（1）润唇膏

首先涂上无色护唇膏让化妆对象的嘴唇充分滋润，这个步骤的目的是对嘴唇进行充分补水，只有做好唇部保湿，唇部才容易上妆，这一步经常会被很多化妆师所忽视。

（2）唇线（这一步视情节可以省略）

选择同色系的唇线笔为化妆对象勾勒唇形，并修正唇的边缘色，为后续上色作铺垫，切记唇线不要画出嘴唇边缘。

（3）唇膏、唇彩

如果想让化妆对象嘴唇看起来丰润饱满，这里有一个小技巧，采用唇刷在涂抹时尽量把唇中部涂得丰厚一些然后再慢慢拉向嘴角，注意嘴角涂得一定要浅而窄，这样唇部看起来就非常丰润可爱。

如果化妆对象认为唇膏上色效果老气，而不喜欢使用唇膏进行唇部修饰，化妆师其实也可以用唇彩为其打造出一个晶莹剔透的"嘟嘟唇"。

8. 腮红

用大号粉刷蘸取少量腮红粉从颧骨往太阳穴方向扫，切记不要蘸太多粉。如果需要为化妆对象进行修容粉处理，那么先上腮红，接着阴影，最后进行局部高光提亮。

很多化妆初学者经常抱怨上妆很困难，会出现浮粉的状况，或者容易脱妆、眼影晕染过渡效果不佳，妆面的整体效果呈现不自然等现象，很是尴尬。其实造成这些情况的原因主要是化妆的基本程序不正确。不止护肤有护肤的顺序，化妆也一样要遵守顺序，才会让你的作品呈现出的妆容效果更加自然美丽。

4.4.3 化妆检查

在整体妆面效果完成之后，化妆师需要退后或者从化妆镜中观察化妆对象妆容的整体效果。主要是看妆形、妆色是否协调，五官左右是否对称，底色是否均匀，如果发现不足赶快进行修改，对局部需要提亮的部位迅速进行调节。化妆师要及时做好对化妆对象的跟妆、补妆工作，以确保妆面效果的持久。

化妆检查的方法：

① 妆面是否有不小心碰脏的地方，有没有面部未处理部位，妆面的整体效果是否干净整洁；

② 塑型时进行立体粉底处理的衔接部位是否过渡自然，在所处场合的光线下底妆是否显得太白或是没有得到恰当的修饰，面部的粉底与脖颈、耳朵之间有没有产生明显的色差感；

③ 眼型调节效果是否一致，眼影色的搭配是否对称协调，不同颜色的眼影过渡衔接是否自然柔和；

④ 眉毛、眼线、唇线、鼻侧影的修饰是否左右对称，色调是否整体统一；

⑤ 唇膏的处理是否规整，是否与唇线色泽一致相互结合，唇彩是否有外溢或残缺的现象；

⑥ 左右脸颊腮红的面积形状和色泽深浅是否一致。

5 矫正化妆及不同妆型的特点

5.1 矫 正 化 妆

化妆造型是一个整体的、全面的构思与计划，人的面部是视线首先到达的地方，面部的矫正化妆在整体形象美中的重要性不可忽视。在我们的生活中没有完全一模一样的两张脸，就算是孪生姐妹也可以找出面部细微的区别，化妆师要有效地运用好化妆技巧并服务于化妆对象，就要先了解其脸型。

首先，观察化妆对象整个脸型及脸部的骨骼结构，观察发际线、前额、腮部及颧骨位置特征，发现脸部的个性特点，然后跟以下几种脸型进行对比，看属于哪种脸型或比较接近哪种脸型，有些化妆对象的脸型是两种或多种脸型的混合体，可选出较为接近的一种进行修饰。

5.1.1 脸型的分类

亚洲人的脸型大致分为七类：椭圆形脸、心形脸、圆形脸、方形脸、国字形脸、由字形脸、菱形脸。

5.1.2 面部立体感的塑造

1. 高光与暗影

矫正化妆的目的就是要扬长避短，使化妆对象原本的面部缺陷得以改善。

矫正化妆中所采用的高光与暗影的化妆原理是基于素描学中的明暗关系和结构法的知识而获得的。明暗的产生是光线作用于人体面部的客观反映，由于光的客观性决定了明暗变化的规律性，面部的立体结构对光照反射所呈现出不同层次的明暗、不同质地的明暗也有所不同。

面部轮廓通过光照效果后，各个部位的明暗深浅也各不相同。受光部分称为亮面，如额头、鼻梁、颧骨、下颌，背光部分称为暗面，明暗相交的部分称为中间色调。化妆师在为化妆对象进行化妆操作的时候，需要注意的是明暗交接的地方要过渡自然，不能有明显的深色与浅色分界线。矫正化妆中高光与暗影的运用，就是利用以上的自然法则表现化妆对象自然而立体的妆面。

2. 面部立体感塑造的原则

明暗层次的变化必须从人体面部的结构出发，面部固有的立体构型表现出面的转折，而面的转折是明暗层次的生理学基础。体面转折的交界处对比增强，故颜色最深，亮的越亮，暗的越暗。

为了达到妆面效果的协调统一，化妆师操作过程中要遵循三条原则：

原则一：要严格遵循明暗交界线部位是最深的原则。当它与高光、暗影自然结合起来时，脸部的造型才表现地更加完美，暗部的处理如果超过了明暗交界线的深度，妆面整体效果就会显得很脏。

原则二：要分清明暗的层次。就是要知道面部哪个地方是最亮，哪里是比较亮的，而哪里是暗的部位，只有分清了化妆对象面部的明暗层次，妆面才会显得整洁干净，整体关系才会处理得当。

原则三：要把握化妆对象的面部皮肤固有色。这里所说的面部皮肤固有色，包括肤色、发色，在其固有色的基础上进行对比调整，从而最终达到协调统一的效果。

3. 正确的高光部位

高光的正确处理位置应该在面部突出的部分，如额头、鼻梁、颧骨上方、眉骨。有的化妆师通常从正面去观察化妆对象，然而正面的光感不强，结构不明显，明暗变化小，层次单调，缺乏对比。因此，化妆师必须利用高光的化妆原理处理脸型与五官，使之立体，达到矫正脸型、美化五官的目的。

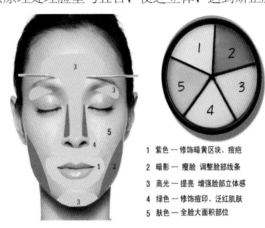

1　紫色－修饰暗黄区块、痘疤
2　暗影－　瘦脸　调整脸部线条
3　高光－提亮　增强脸部立体感
4　绿色－修饰痘印、泛红肌肤
5　肤色－全脸大面积部位

5.1.3　脸型的矫正技巧

1. 线的切割式化妆技巧

线的切割式化妆技巧是利用直线的或曲线的切割，把一个整体的造型割断而让它形成另外一种造型。这条线没有固定的长、短、宽、窄，没有固定的位置，这是一条虚设的线，可以是垂直长条线，也可以是两条眉毛连成的水平线，也可以是嘴角与发角的水平连线，它完全由化妆师想要打造的造型来决定。

例如，要使长脸形的化妆对象脸型看上去略短一些，可在脸上虚设一条分割长方形的虚线，可以把化妆对象的眉毛水平位置压低一些，这就是利用线的切割原理。

2. 局部冲破整体的化妆技巧

局部冲破整体的化妆技巧是通过强调化妆对象脸部五官的局部造型，分散化妆对象对自己脸型特点的注意力，使视线被化妆师用心渲染过的五官局部所吸引。

例如：较大的方形脸化妆对象，可以着重对其眼睛和唇部的打造，这就是化妆师利用了局部冲破整体的原理，使五官看上去琐碎了，将一张大脸化整为零。如果化妆对象的脸型属于窄而长，则可以着重于对其外眼角与嘴角进行塑造。

3. 色彩的忽视与不被忽视的化妆技巧

色彩的忽视与不被忽视的化妆技巧在素描上称为虚与实的原理。在同一张脸的造型上，五官的虚与实会产生出不同的脸型效果。眼线加深就使眼睛不被忽视，而嘴唇部位进行弱化或不去描画，就会相对忽视。

例如：如果遇到一个脸型上部较为突出的化妆对象，化妆师在进行妆面处理时可以对其进行嘴唇部位的强调用色，适当使用色彩艳丽或较深一些的口红，就可以把别人的注意力吸引到了嘴巴部位，从而忽视了化妆对象额头上部突出的部位，当然化妆师此时就要认识到，当色彩不被忽视的时候，那么化妆对象的唇型就一定要描画地精致、美观，连一点微妙的细节都不能放过。

4. 大面积色块拖拉的化妆技巧

大面积色块拖拉的化妆技巧是化妆师利用大面积的色块错觉，从而达到改变化妆对象脸型的目的。

例如：脸型消瘦的化妆对象要改变脸型特征，最简单的办法就是把腮红的位置降低，并往脸颊两旁的耳处移动，这样会使脸型显得宽一些、短一些，视觉效果上也会使脸型显得圆润饱满。如果化妆对象是短而宽的脸型，则需要进行腮红处理的时候尽量移至脸颊的中间部位，并适当抬高腮红的位置。

5. 高光与暗影的化妆技巧

高光与暗影的化妆技巧是这几种化妆技巧中对化妆对象进行脸型改变效果最大的一种，也是最为重要的一种，这种方法可以改善和弥补任何一种化妆对象的脸型不足。高光与暗影的化妆原理是利用绘画中的结构画法来处理阴影色和亮色，达到改善脸型的目的。

例如：化妆师在为化妆对象进行妆面处理的时候，脸型上需要凸出的地方使用高光，而在脸部需要暗下去的地方使用暗影。高光与暗影可以用粉底色进行调节改变，也可以利用化妆色彩中的影色（偏冷的色彩，如棕色、咖啡色、灰色、褐色、绿色、蓝色等）或亮色（偏暖或明度高的色彩，如亮白色、米色、象牙白色、黄色等）的不同素描效果进行调整。

5.1.4 特殊脸型的矫正处理方法

脸型分为以下几种，对不同脸型采用不同矫正处理方法。

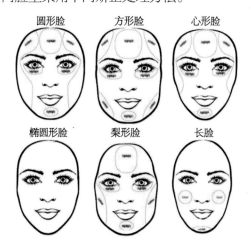

1. 圆形脸

圆形脸的人脸短、面颊圆，给人的印象是可爱、有朝气、活泼、健康和平易近人，看上去比实际年龄小。但圆形脸的人显得稚气，在工作上不容易让人信任。

例如：在舞台剧《花儿与少年》的化妆工作中，一位扮演羊群演员的主要领舞就是圆形脸，她的脸型较圆、较胖，缺乏立体感，属于典型的西北回族姑娘长相，所以为她的妆容打造的设计重点就放在妆容粉底的处理工作上，其目的是为其塑造出具有立体感的面部特征。（这里我们称她为张小姐）

（1）粉底

在为这位张小姐全脸均匀地涂抹上肤色粉底之后，在两腮部位和额头两边加颜色更深一些的粉底，由于她的面部圆润缺乏立体效果，所以在使用高光塑形的时候，一定要细致。首先用高光把鼻骨、额骨等部位用浅色粉底提亮，使鼻梁显得直而高挺，同时还可以从视觉效果上拉长脸型，另外还需要用高光把眉弓、颧骨和下巴提亮，使脸部更具立体感。但要注意的是，高光一定要薄，如果涂厚了就显得过于刻意，留下刻意的修饰痕迹了。

（2）眉毛

她的脸型圆而短，所以眉型最好向上拉升，以起到拉长脸型的作用，由于张小姐肤色较白，最好不要用黑色的眉笔，这样会让人感觉僵硬、无生气，在这里我使用了棕色、深咖啡色的眉粉对眉型进行塑造。

（3）眼睛

眼睛对于圆形脸是很重要的，加强对上眼睑的化妆修饰能使眼睛的位置从视觉上抬高，从而拉长脸型，眼位抬高最简单的办法是着重双眼皮的描画。当天张小姐穿了一件白色带金色刺绣的服装，所以较为流行的金色眼影比较适合，双眼皮眼凹处用棕黑色眼影晕染，并加粗上眼线的描画，以强调上眼影的色彩造型，下眼线画到 2/3 处即可，因为加强下眼睑的描画，会将眼睛的位置降低，而使脸显得更圆，下眼睑处也用金色眼影稍加晕染即可。

（4）鼻影

从眉头处使用眉粉向外自然斜拉，并做纵向调节处理鼻侧影效果，近鼻梁处与高光衔接时，过渡应尽量柔和。

（5）口红

先用唇线笔修饰唇型，然后用带珠光的橘色口红（比金色略红一些）填色，在下唇中央用高光提亮，并加上唇釉进行修饰提亮。

（6）腮红

在颧骨下做长长的斜向晕染，加强颧骨的立体感，涂抹时要均匀。靠近脸部中央，颜色渐淡，远离脸中央颜色略深。

2. 方形脸

方形脸的人脸长度与宽度相近，下颌骨和额骨均为方正形状，与圆脸不同之处在于下颌骨呈横宽状，显得有力、稳重，给人一种性格刚强坚毅、积极能干的印象，但缺乏女性的温柔。

例如：在一次单位的年终汇演年会中，我遇到一位方形脸的女主持人向小姐，她的脸型是圆中带方，她额头方正，而且下颌骨棱角略微鼓出比较明显，感觉在单位中是一个能力很强的部门领导，所以将向小姐归为方形脸特征。下面以这位向小姐为例，讲解为方形脸化妆对象进行妆容打造的具体化妆方案。

（1）粉底

首先在她全脸打上均匀的肤色粉底后，在两腮、额头两边加深色粉底，可以从视觉效果上掩饰两腮、额角的方正，再在向小姐的额头中部和下巴上加白色粉底，使脸型看起来修长一些。

（2）修容

在她的两腮、额角用阴影色降低色度，晕染时要与发际线自然过渡，两腮部的晕染不能产生生硬的边缘线，由于脸部没有立体感，所以要用阴影色来强调向小姐的颧骨部位，阴影色的位置要略微抬高一些，这样可以加强颧骨的立体感。

（3）眉毛

向小姐自己修的眉毛是欧式眉，过于棱角分明，这样就会使她的脸型看起来更"方"，事实上方形脸的眉型应该处理地稍微圆滑一些，略微上挑一些，以增加脸的长度。

（4）眼睛

眼睛应尽量描画得大而有神，根据向小姐服装的颜色，眼影色彩选用了同色系的宝蓝色，眼影着重处理在上眼睑外眼角，并适度夸张了一些，这样可以将观众的目光转移到眼睛上，从而忽视了脸型的不足。

（5）鼻影

由于向小姐鼻梁挺直且鼻型较好，只需在鼻梁上用高光色进行提亮修饰，鼻侧用肤色散粉补上即可。

（6）口红

在唇部的描画上选用比较圆润的唇型，由于向小姐本身两唇峰之间距离太接近，所以在描画的时候要略微分开一些。

（7）腮红

方形脸腮红的位置要比其他脸型抬高一些，在颧骨凹陷部位的阴影处偏上一点用深色腮红，在颧骨上轻扫少量浅色腮红，这样既使脸色红润健康又强调了颧骨的立体感。

3. 国字形脸

国字形脸是长脸和方形脸的混合脸型。国字形脸不仅脸长，而且显得额角和两腮部位都比较宽，国字形脸给人的印象是沉稳、严肃、坚毅、刚强，缺点和方形脸一样，缺乏女性细腻、温柔等女性所特有的"女人味"。

例如：在为今年某高校迎新晚会汇演的演出人员化妆工作中，主办方特意邀请的某位美声唱法的演出嘉宾就属于典型的国字形脸，所以在为她做化妆造型的时候，尽量使其脸部的线条柔和。

（1）粉底

首先还是在她全脸打上均匀的肤色粉底，然后在两腮、额头两边加深色粉底，可稍掩饰两腮、额角。

（2）修容

用阴影色涂抹在下颌骨棱角感强的部位，增加一些柔软的感觉，使下脸部不显得那么方硬，颧弓上使用高光色，使颧骨看上去更有立体感。

（3）眉毛

由于她脸型较方，所以眉型要圆滑、自然、流畅，不能有明显的眉峰，否则会使脸型看起来更方。

（4）眼睛

先用双眼皮胶带把眼型粘好，然后在上眼睑及上眼睑外眼角处用棕红色眼影晕染，强调眼窝，最后再用深咖啡色眼影加重眼尾，下眼睑用棕红色眼影晕染，由于她是美声唱法的歌手，演出过程中面部表情较为夸张，眼睛一定要处理地大而有神，所以眼妆的处理是整个妆面的重点，为了使眼睛塑造出有大而有神的效果，应特别在眼线的描画上下功夫：用黑色眼线笔加长、加宽上眼线，下眼线不要化得太实，化到2/3处为止。

（5）口红

先用唇线笔修饰唇型，两唇峰位置不可太接近，然后用与眼影色相近的棕红色唇膏填色，对唇部进行修饰。

（6）腮红

她的腮红在颧骨的明暗交界处斜向晕染即可。如果国字型脸过长的话，腮红可适当横向晕染，消失的位置可适当提高，以缩短脸的长度。

4. 由字形脸（梨形脸）

由字形脸是属于较少见的脸型，特征是上窄下宽，其额头狭窄而两腮肥大。事实上，这种脸型看起来更像一只"梨"，所以由字形脸也称"梨"形脸。

例如：2009年为清华大学EMBA班毕业晚会的化妆工作中我曾遇到过一位由字形脸的女学员，对方是一名商界女强人，这种脸型的人给人以安定感，并给人以富态、威严、稳重的印象。但这种脸型的人显老，容易给人迟钝、呆滞的印象。

下面以这位女学员为例，讲解由字形脸的化妆处理技巧。

（1）粉底

首先根据她的肤色进行粉底色号选择，选择好粉底后均匀地为其全脸涂抹上妆，在两腮较宽部位使用深色粉底，有收缩两颊的效果，从而改善下脸部宽大的问题，再在狭窄的额头处和下巴位置使用浅色粉底，视觉效果上使之感觉较为突出而显得额头部位饱满，从而达到利用粉底进行修容的效果。

（2）双色修容粉

两边额角用亮色提亮，这样会使狭窄的脸型上部看上去宽阔一些；下颌骨两边及腮部用阴影色修饰，使腮部向外鼓出显得宽大的骨骼看上去没那么明显，视觉上丰满的脸颊肌肉也会得到相应的改观。

（3）眉毛

对于由字形脸的化妆对象，眉型的处理要有一些曲线感，眉毛不可以下垂，两眉之间的间距不能过于狭窄。由于其眉毛较短，要尽量地把眉毛拉长一些，视觉上制造出脸型的上半部位变宽的感觉。

（4）眼睛

由字形脸化妆对象的眼睛要尽量画得大一些，两眼间距可加宽，眼线可适当拉长，在外眼角处轻轻上挑，眼影的涂抹以外眼角为重点，做适度晕染。

（5）鼻影

鼻梁可以用高光和暗影相结合的效果塑造得高挺一些，这位女学员的鼻翼有些宽厚，要在鼻翼侧打上暗影来削弱其视觉效果。

（6）口红

唇型应选择圆中带方的为好，樱桃小嘴的处理方式不可取，否则与化妆对象的脸型下部相比起来会显得愈加宽厚。

（7）腮红

可以用一个明亮色和一个阴影色来加强其颧骨的结构特点，浅色的腮红刷在颧骨上，位置与其他脸型相比要刷得高一些，在下面紧接着刷深色的腮红，要由内向外刷，这样会使颧骨显得宽阔而立体。

5. 菱形脸

菱形脸是这几种脸型中最具有特点的脸型。因为其额头狭小，两腮削瘦，颧骨较高，下巴较尖，虽然高颧骨具有立体感的魅力，但会给人以敏感、尖锐的感觉，使人不敢亲近。

例如：在为某日系彩妆品牌做宣传活动中，我曾遇到过一个菱形脸的会员客户，我以她为例讲解一下菱形脸的化妆处理方案。

（1）粉底

在这为女士的脸上打上均匀的肤色粉底后，颧骨和下巴加深色粉底，来掩饰过高的颧骨和过尖的下巴，另外在额头两边和两腮加上适量白色粉底使之丰满，使脸型显得较柔和些，达到初步调整面部特征的效果。

（2）修容

由于额角和两腮比较削瘦，都可以用高光色进行提亮，这样可以使脸部显得丰满圆润一些。因为颧骨比较高，不进行修饰处理会显得太刻薄，所以可以用阴影色处理在颧骨亮的部位，而将高光处理在颧窝部位，这样可以缓和颧骨太高的感觉，如果下巴较尖，可用阴影色横向涂扫。

（3）眉毛

眉型应该处理地自然舒展、大方，不可以把眉头处理成过低过粗、眉尾高而翘的眉型，这样反而会加强脸部的菱形感觉。

（4）眼睛

菱形脸的眼睛描画与国字形脸类似，着重对下眼睑进行描画，外眼角的眼影可适当渲染，关键是强调下眼睑的丰满，显示出柔和自然的效果。

（5）鼻侧影

鼻骨正面用高光提亮，塑造出直挺的感觉，过分细窄的鼻梁会使脸型看起来更加瘦削，会更加给人一种刻薄的印象。可以用高光适当加宽鼻梁的横面，会显得温柔可爱一些，这样的处理方式才适合于菱型脸。

（6）口红

为菱形脸的人打造妆容的时候，要尽量表现出温柔圆润的一面，所以在选择唇型处理时，对于嘴唇的轮廓不能处理得太尖锐，要丰润一些，两唇峰之间的距离不可太接近。

（7）腮红

菱形脸的腮红是整个妆面上的难点，处理不当反而将颧骨显得更加突出。为了避免菱形脸的颧骨过于突出的特点，腮红要淡淡地轻扫过颧骨的高点，靠下部位的颜色略深，靠上部位的颜色略浅，作环状晕染，向下渐淡渐消，以这种特殊的腮红处理方式来取得柔和脸部的效果。

以上几种脸型的矫正方案，是结合了笔者在平时工作中遇到的较为特殊且具有代表性的几种脸型。在工作中化妆师们会逐步体会到光有理论基础是不行的，必须要在日常的工作中，通过理论与实践相结合，运用好自己娴熟的化妆技巧，来解决化妆过程中遇到的各种难点和问题。

小贴士

化妆师对化妆对象进行白色下眼线处理的注意事项：

① 银色作首选；

② 必须刷下睫毛，把下睫毛刷的有型；

③ 必须在下眼尾搭配相应颜色的眼影；

④ 不适合眼睛特别大的人使用。

5.2 不同妆型的特点

国际倡导形象设计的五大要素：健康美、动态美、静态美、气质美、整体和谐美。

5.2.1 生活日妆

1. 生活日妆的定义

生活日妆也称为淡妆，用于日常生活和工作中。表现在自然光和温馨柔和的灯光下，妆面色彩清淡典雅，唯美自然，对面部五官轻微修饰，尽量不露化妆痕迹，达到美化容颜的效果。

2. 生活日妆的分类

生活日妆分为生活职业妆、生活休闲妆等。

3. 生活日妆的特点

生活职业装主要采用简单明快的自然色系、大地色系，适用于上班族；生活休闲妆富有青春气息，适用于假日、休息时间或旅游时，表现人的轻松、舒适、自然的休闲生活状态，给人返璞归真的感觉。

4. 生活日妆的常用色彩

（1）常用眼妆色彩

生活日妆使用的眼影色泽柔和，搭配简洁，使用率高的色彩有：深咖啡色、浅咖啡色、灰蓝色、米白色、粉白色、珊瑚红色、紫罗兰色等。

（2）眼妆的色彩搭配

深咖啡色搭配亮黄，妆面色泽明暗对比效果明显；浅咖啡色搭配米色或粉色系，妆面色泽朴素大方；灰蓝色搭配白色，温暖中性，妆面色泽清新脱俗；珊瑚红色搭配粉色系，活泼可爱，妆面色泽生动喜庆；紫罗兰色搭配银色系，高贵冷艳，妆面色泽妖媚脱俗。

（3）常见腮红色泽特点

常见腮红色泽浅淡柔和。

5. 生活日妆的化妆步骤

日常生活化妆的重点在于妆容和谐自然、皮肤干净白皙、五官立体生动，妆面完成之后看起来还是像其本人，化妆结束后的面容应毫无痕迹，并显得典雅大方。在快节奏的城市生活中，抽出一点闲暇时间妆扮自己，不仅能增添自身魅力，更多的时候能让自己以一种良好的状态投入到工作生活中，这样才算达到生活日常化妆的预期效果。

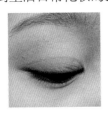

（1）清洁面部皮肤

化妆师在没有对化妆对象进行涂抹底色之前，必须将其面部皮肤清洗干净，才能开始化妆。除去面部油污的方法，一般有油洗和水洗两种。如果条件允许，最好是油洗，它的优点是，既能除去面部油污，使面部洁净，又能保护皮肤，免除肥皂等碱性物质对皮肤的不良刺激。

（2）使用爽肤水

让化妆对象自行将爽肤水轻按于面部和颈部，使其未经妆面处理的面部洁净、清爽而滋润。为化妆对象在妆前使用爽肤水，不仅对其皮肤有益无害，而且能增强化妆品的效能，使其妆容持久、均匀、细腻，色泽也不易改变。特别是夏季，使用爽肤水之后可使化妆对象的皮肤呈现天然的日晒色，有利于保护皮肤。

（3）打粉底

用少量粉底涂在化妆对象T字部位，再用海绵扑或棉球将粉底仔细地抹匀，以免使其面部出现粉底修饰过的痕迹。然后用少许油质眼影膏进行打底，它能将眼影粉的颜色表现得更加纯正；如果化妆对象的眼部有黑眼圈或面部有瑕疵要进行遮盖，可以先为其涂上遮瑕膏，并用海绵抹匀。

（4）清扫眼影

用毛刷为化妆对象清扫眼影，使不同颜色的眼影过渡衔接地更加均匀、自然，然后在其眼睑的内侧部位涂上较深的眼影，以衬托出其鼻梁高挺的线条，这是化妆师在进行妆容处理时常用的一种化妆技巧。

（5）画眼线

用黑色眼线笔在化妆对象上下睫毛根部进行适当眼线处理，这样会使其眼睛显得明亮有神韵，为其增添魅力，除了注意眼线的处理要流畅之外，切记生活日妆的眼线一定要处理地自然不夸张。

（6）刷睫毛

用睫毛夹将化妆对象的睫毛处理成自然卷翘的程度，从睫毛下侧面上扫两次，待干。当为其处理到下睫毛时，可先用螺旋刷的刷头将睫毛梳顺，再用干净的睫毛刷轻扫，最后使用睫毛膏进行处理，需要注意的是睫毛膏不宜用量过多，避免形成"苍蝇腿"效果。

（7）画唇形

首先在化妆对象原来的唇线上用干粉饼轻揉少量粉底，然后用唇线笔为其画出所设计的唇形，操作过程中注意不要刻意去调整化妆对象的基本特征，最后在上、下唇中部加上珠光唇彩，以增添其唇部光泽。

（8）打腮红

取少量粉色系唇釉在手背，用美容指将其按压均匀，然后根据化妆对象的脸型及五官特点对称处理在其颧骨部位，效果一定要过渡地自然柔和。

小贴士

要化一个精致的生活日妆，妆前所必备的工具和材料：洗面奶、爽肤水、睫毛夹、眼线笔等。

5.2.2 生活晚妆

1. 生活晚妆的定义

晚妆一般被称为宴会妆，是彩妆的一种。它是指用粉底、蜜粉、口红、眼影、胭脂等有明显色彩倾向的化妆品处理在脸上的妆，因此被称为晚妆。晚妆能改变形象，使化妆对象的五官更立体，脸型特征更漂亮，在出席的宴会上更令人关注。

2. 生活晚妆的特点

（1）妆色浓艳

由于晚间社交活动一般都在灯光下进行，且灯光多柔和、朦胧，不易暴露化妆痕迹，反而能更加突出化妆效果。因此，生活晚妆应化得略为浓艳些，眼影色彩尽可能丰富漂亮，眉毛、眼型、唇型也可作些适当的矫正，使其更显得光彩迷人。

（2）引人注目

晚间化妆，一般是出于应酬的需要，处在一种特定的环境中，创造了一种愉悦的心境和良好的氛围条件，能使人产生一种梦幻般的感觉，这是化妆师施展化妆技能的极好时机。因此，化妆师在为化妆对象化生活晚妆时可在活动场合所允许的范围内，充分发挥自己的想象力，将其打扮得更加漂亮，会更令人倾心、引人注目，最终使化妆对象在此次应酬中达到工作或人际交往所预期的目标。

3. 生活晚妆的常用色彩

（1）生活晚妆粉底色

晚妆底妆的颜色一定要比化妆对象的自身肤色深，采用立体打底来强调其面部五官凹凸结构，并矫正脸型不足。

（2）生活晚妆眼影色

生活晚妆选用眼影主要把握一点就是艳而不俗，色泽丰富而不繁杂，色彩搭配丰富协调，色系选择多而不混。色彩纯度略高，使妆面显得艳丽高贵，色彩明度对比可加强，用以强调化妆对象眼部凹凸结构。

小贴士

生活晚妆可以对化妆对象眼部使用排列晕染法进行左右晕染，这种画法适合东方人眼部结构及眼型特点。

（3）生活晚妆睫毛色

睫毛浓密的化妆对象可以只涂睫毛膏，而且选用的颜色可以多种多样、丰富多彩；睫毛稀疏的化妆对象可以粘贴假睫毛，而且使用的假睫毛无论形状和颜色都可以适当夸张。

（4）生活晚妆眉色

眉色浓艳，线条清晰。

（5）生活晚妆唇色

唇型饱满，色泽艳丽，轮廓清晰。

4. 生活晚妆的化妆步骤

①化妆师在为化妆对象进行妆面处理之前，先在化妆对象的面部和颈部涂一层滋润霜，以便正常发挥粉底的妆效。

②选用粉底的颜色一定要比原有肤色深，使用海绵扑打底，使其均匀遮盖。如果化妆对象有黑眼圈，在使用粉底之前使用适量的遮瑕膏进行局部修饰。

③采用立体粉底修饰法的化妆技巧，将脸型修饰成椭圆。当然，这只是运用晚间灯光不强烈，造成人的视错觉现象而已，并非真正改变了化妆对象的脸型。

④在颧骨凸起处，涂上浅色珠光腮红；在颧骨凹陷处，涂上深色亚光腮红。另外，为了使化妆对象在夜间显得肤质光滑有光泽，还可以在颧骨凸出处原来涂有的浅色珠光腮红上面，再加一层白金色的眼影，使其提升亮度。

⑤ 在上眼睑部位涂眼影，并用眼影在眉骨与上眼睑之间根据眼部结构过渡，再用淡色和珠光色眼影，使眉骨部凸起部位的色彩亮丽。

⑥ 在上下眼睑画眼线，颜色要深。因为深色的眼线在夜间更能衬托出眼睛的明亮和深邃。但必须注意的是不要将整个眼睛用眼线框实，这样会使眼睛显得小。

⑦ 分两次涂睫毛膏。涂完第一层睫毛膏后，用眉毛刷梳开睫毛，将睫毛上多余的睫毛膏除去，再刷第二层。

⑧ 强调眉型。先用眉毛刷将眉毛梳理成型之后，再用适量的染眉膏梳整眉毛形状。

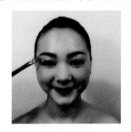   

⑨ 根据唇型特征使用唇膏进行饱满处理之后，将珍珠色或金色唇膏涂于唇部中央，并使其过渡自然，会使嘴唇显得更艳丽。

⑩ 用淡色的眼影在鼻子、颧骨和下颌处作最后的轮廓调整，用白色眼影修饰双颊的顶端、鼻梁和下巴。

⑪ 最后用大号粉刷蘸取适量高珠光透明的蜜粉进行最后定妆。

⑫ 进行整体调节，生活晚妆完成。

5.2.3 韩式新娘妆

越来越多的时尚女性懂得拥有一款适合自己的清新自然妆容，能带来"无妆胜有妆"的效果。当下各式婚纱订制馆、婚庆婚礼跟妆工作室犹如雨后春笋一般蓬勃发展，尤其韩式新娘妆在消费者群体内备受追捧，化妆师对五官需要调整修饰的化妆对象精心装扮一番之后，瞬间在整场婚礼仪式过程中尽显风采，魅力四射。现在就韩式新娘妆的特点来给大家讲解一下韩式新娘妆容究竟有哪些独特的魅力。

1. 韩式新娘妆的特点

① 妆型整体效果圆润柔和，艳而不媚，充分展示女性婀娜的阴柔美。

② 妆面干净通透、自然柔美、色彩纯净明快。

③ 用色以暖色系、偏暖色系为主。

④ 漂亮迷人，给人一种天然美、健康美、端庄美的感觉。

⑤ 因为新娘在婚礼上活动多、时间长，全程较为劳累，所以化妆师采用的都是能保持长久的油妆。

小贴士

化妆对象需要注意的事项：

（1）永远不要把自己扮成像其他的人一样

每个都有自己的特点，看到报刊杂志上令人赏心悦目的新娘图片，千万不要照葫芦画瓢要求做成一模一样，一定要避免过于浓厚的妆容，最好的韩式新娘妆容效果是像出水芙蓉一样自然清新。给自己足够的自信心，相信自己此时在任何人眼里都是最美的。

（2）注意粉底和唇彩不要粘到婚纱上

妆容结束，小心地用化妆纸盖住面部，再穿着婚纱。

（3）不要让牙齿粘上唇膏

婚礼前对着镜子检查一下牙齿是否清洁，如果牙齿粘上了唇膏要及时清理，如果不久又出现这种情况，就说明唇膏太油了，要用化妆棉或纸巾轻轻地粘去多余的唇油。

2. 韩式新娘妆的常用色彩

（1）常用色彩

新娘妆的常用色彩有咖啡色、赭褐色、普蓝色、孔雀绿、珊瑚红、粉米色、绛色系等。

（2）色彩搭配方法举例

种类	眼影色	腮红色	唇色
妆色显得高雅喜庆的色彩搭配	咖啡色 + 孔雀绿 + 米白色	浅桃红	桃红色
妆色显得喜庆时尚的色彩搭配	赭褐色 + 绛色系 + 粉白色	中玫紫色	玫紫色
妆色显得喜庆妩媚的色彩搭配	普蓝色 + 珊瑚红 + 蓝白色	浅桃红	肉粉色

3. 韩式新娘妆的化妆步骤

① 虽然粉底较厚，在细节上处理地很精细匀称的质感是韩式新娘妆最突出的特征之一。

② 采用立体打底的方法使粉底服帖后，用手指蘸取少量冷水适度在面部拍打，利用面部湿润效果，用圆形粉扑将膏霜质地的粉底抹匀，用和肤色相接近的粉底打第一遍底，再用略深一号的粉底在鼻翼、腮颊处修饰出面部立体感。

③ 眼线流畅度犹如发丝，定位精准，韩式新娘妆的眼线多采用自然黑色，不会随眼影颜色变化，而是强调与自然眼线的合二为一。

④ 化妆师选择唇膏的色彩不同，将唇线隐身于唇膏之内。

⑤ 在韩式新娘妆中，腮红会处理的轻薄透气，使人很少特别注意到腮红，这也正是许多成功韩式新娘妆的微妙处理精致之处。原因是：韩式新娘妆中的腮红通常是一个很轻微的表现性动作，让腮红的余粉隐藏于粉底与定妆粉之间，使用中小号的眼影刷，根据不同脸型的需要，在关键部位一刷带过，

而不过分渲染。此外，唇彩和唇蜜在腮红部位适量地使用也是（韩式）新娘妆的精致之处。

小贴士

化妆师打造新娘妆时要特别注意的事项：

（1）千人一面的大白脸

通透的皮肤自然质地，哪怕是零星雀斑的妆容也令人感到生动自然。

（2）过于浓重的腮红

大喜之日，平日时髦干练的都市白领突现"高原红"，保证参加婚礼的人大跌眼镜。

（3）前卫的金属色

金属色的合理使用可以使人与众不同，可以在内眼睑少许使用，但千万别大面积尝试，谁都不想看到一个"火眼金睛"的新娘。

（4）亚光的银色唇

除非你想上演"僵尸新娘"，除非嫁的是地下摇滚乐手，作为一名化妆师，还是小心避开为好。

5.2.4　晚宴妆

晚宴妆的视觉效果非常强烈，具有十分吸引他人注意的"魔力"。因为晚宴妆所在的社交活动场所一般都在暖色系光源下进行，灯光呈现效果大多朦胧、柔和，为了凸显整体造型设计的华丽鲜明个人风采，所以晚宴妆色浓重、色彩搭配丰富、明暗对比强烈，五官修饰上可以适当夸张。

1. 晚宴妆的特点

晚宴化妆适用于气氛较为隆重的晚会、宴会，妆容的色彩对比强烈，搭配丰富，可以充分展示出化妆对象的高雅、妩媚、性感的个性魅力。晚宴妆要求妆色与服饰、发型协调统一。

2. 晚宴妆的表现方法

根据晚宴妆的不同表现环境，晚宴妆的表现方法也不尽相同。

（1）适用于正式社交场合的晚宴化妆

正式的社交场合在很多方面沿袭了传统的礼仪，要求出席这种场合的女性形象保持端庄、高雅，言行举止要符合正式的社交礼仪习惯，因此，化妆师在对化妆对象进行晚宴化妆造型时要把握好高雅、华贵、富有女性魅力的整体特点，服饰与发型要符合妆型。这种社交场合的晚宴妆整体用色淡雅、不宜过于浓艳，浓艳的妆色并不能诠释出女性的端庄与高雅的气质，发型与服饰要和妆色整体效果一致，使女性在正式的社交晚宴中展现端庄高雅的个性魅力。

（2）适用于休闲场合的晚宴化妆

休闲场合的晚宴气氛热烈、活跃、约束力小，此时的妆容造型效果随意性较强并富有创意色彩，是化妆师根据不同化妆对象展现创造力与个性表现力的时刻，休闲场合的晚宴化妆用色可以夸张，面部描画的线条也可以适度夸张，以充分展现化妆对象的个性魅力。发型与服饰都可以适度夸张，使整体造型富有创意色彩并能表现女性的个性魅力。

（3）适用于比赛的晚宴化妆

晚宴化妆作为各大赛事中比重较大的一项内容为广大选手和观众所关注。参赛的晚宴化妆要求参赛化妆师的作品妆型高雅、华贵，妆色艳丽，并适合赛场上较强烈的灯光环境，发型与服饰要配合整体妆型，做到评委和观众在近距离欣赏时细节处理上细腻、柔和，整体感强；远距离欣赏时整体造型突出、醒目，整体效果高贵、华丽、引人注目。

3. 晚宴妆的常用色彩

（1）常用色彩

晚宴妆的常用色彩有深咖啡色、深褐色、蓝灰色、玫瑰红、鹅黄色、紫罗兰、银白色系等。

（2）色彩搭配方法举例

种类	眼影色	腮红色	唇色
妆色显得华丽高贵的色彩搭配	深咖啡色＋玫瑰红色＋米白色	橙红色	橙色
妆色显得典雅脱俗的色彩搭配	蓝灰色＋紫罗兰色＋银色	中玫紫色	玫紫色
妆色显得优雅妩媚的色彩搭配	深褐色＋鹅黄色＋银白色	玫粉色	玫红色

4. 晚宴妆的化妆步骤

晚宴妆根据应用场合和目的的不同分为社交晚宴化妆和演示性晚宴化妆，有着不同的处理方法和标准。

（1）社交晚宴妆

①肤色修饰。这种晚宴妆的整体用色高雅、不宜过于浓艳，浓艳的妆色不能较好地表现化妆对象的端庄与高雅。可使用质地细腻且遮盖力较强的基础底色、高光色、暗影色、修饰面部轮廓，强调立体感，突出细腻光滑的肤质。由于正式的社交晚宴女性通常穿晚礼服，所以裸露在礼服外的皮肤都要用粉底修饰，使整体肤色一致，用蜜粉定妆，并扫去多余的蜜粉，使肤色自然。也可用具有感光效果的粉底液，在面部涂抹出透亮的肌肤。因为气氛热烈、人群拥挤，会使皮肤表面温度升高、妆容融化脱落，在上粉底之前，先在化妆对象面部易出油的 T 字部位轻涂一层控油凝露，控制肌肤油分和汗液的分泌，调节肌肤表面干湿度，会令底妆效果保持时间更长。

②眉眼修饰。眼部化妆的眼影用色简单，且修饰性强，可选用带珠光效果的眼影，颜色柔和过渡，用带珠光色的米白色眼影提亮化妆对象的眉骨、颧骨等处，可以很好地体现出眼部的立体结构。使用粉色眼影在上眼睑处打上淡淡的基础底色，然后使用紫红色珠光眼影在上下眼睑部位由内向外晕染，面积范围直至扩展到眉弓与眼角部位，甚至可根据化妆对象的需求大胆地延伸到颧骨处，再利用不同色调的闪粉效果为眼妆营造出闪亮夺目的层次感。眼线尾端可略微夸张上挑，眼线的浓度一定要

与整个妆容的色彩浓度相呼应，才能在不同灯光折射下，制造出夸张而协调的亮丽妆容。为化妆对象增添妩媚性感的女性魅力，可以使用合适的假睫毛修饰眼神效果，化妆师要提前修整好假睫毛，使其长度适中，过长的假睫毛会使化妆对象的妆面效果失真，在粘贴时要贴近其睫毛根部，待其粘牢之后反复涂抹睫毛膏，使真假睫毛衔接、融为一体。眉型处理略微上扬且有流畅的弧度，眉色自然，不宜过黑。

③ 腮红和口红。颧骨和唇部的恰当处理是展现一款晚宴妆容的焦点。先用腮红刷顺着面颊扫上适量闪粉，再根据化妆对象的脸型及五官特征轻轻在颧骨部位上刷上腮红进行修饰，腮红色可选择玫红、粉红、珊瑚红，其色彩过渡要柔和，涂抹面积不宜过大，要与化妆对象肤色自然衔接。化妆师要将其唇形修饰饱满，轮廓清晰，唇线与唇膏色要合二为一，与整体妆色相协调；为了使化妆对象更好地融入晚宴的环境、保持良好的社交礼仪，在为其涂唇膏后用纸巾吸去多余的油分，然后薄薄涂上一层蜜粉，再涂一遍唇膏，这样会使其既可保持妆面牢固持久，还可以避免唇膏遗留在餐具上。

④ 发型与服饰。发型与服饰的选择搭配要庄重高雅，和妆面整体效果要保持一致，使化妆对象在正式的社交晚宴中展现出其优雅的个性魅力。

小贴士

在了解到化妆对象是进行社交晚宴活动后，化妆师要适当注重一些细节，如将其指甲涂成与唇膏同系列的颜色，会令化妆对象给他人的整体感觉是和谐而精致的。另外，为其选择搭配一款修身的礼服和华丽的首饰是参与社交晚宴活动的最好选择。

（2）演示性晚宴妆

演示性晚宴妆用于化妆师参赛、考试或行业内技术交流示范，它能很强地体现出化妆师的创造能力水平。由于演示性晚宴妆创作范围广，造型手法丰富多样，一直以来都是各类化妆比赛和专业技能考试的重点考核项目，要求化妆师在规定时间内完成对化妆对象的整体造型工作，这就要求化妆师要具备过硬的综合素质。

① 设计主题。一个完美的作品一定要有一个明确的主题。正如写文章一样，要先明确主题，然后围绕主题进行阐述。作为化妆师的参赛、考核或示范作品，必须在有主题的情况下进行创作构思，所有的化妆风格、化妆用色、服装、饰品等都是为主题服务的，只有这样才能使其作品在比赛、考核或行业技术交流中力拔头筹、与众不同、技压群芳。

② 肤色修饰。肤色的修饰要选择遮盖力强的膏状粉底，强调五官的结构及面部立体感，不管是参赛、考核还是技术展示，化妆师都要控制好上粉底的时间。使用定妆粉定妆是十分关键的环节，化妆师要根据环境的温度和化妆对象的皮肤状态随时进行补妆。

③ 眉眼修饰。一个晚宴化妆作品是否出彩，既要看化妆师对眼影的晕染处理方法是否有创新，色彩搭配是否巧妙协调，又要看其作品整体造型是否标新立异有所突破，因此眼部的处理是演示性晚宴妆的重点，眼影晕染的形式要求具有前瞻性，色彩与主题有所呼应。眉毛的处理上，可强调可忽略，但要求既符合脸型，又要体现眉毛的虚实度及立体效果。

④ 腮红和口红。腮红的色彩要与整个妆面色调相协调，面积不宜过大。唇部处理要求丰润饱满具有立体感，化妆师可根据化妆对象的妆型进行色彩设计，主次分明，最终起到良好的衬托作用。

⑤ 发型与服饰。发型与服饰要切合主题、构思巧妙、独具匠心，能充分展示化妆师的技术能力和

审美水准，可以夸张具有时尚前瞻性，但切记不能以怪异的造型效果博人眼球。

小贴士

化妆师在进行演示性晚宴妆操作时，遇到要为化妆对象进行补妆的情况时，应先用吸油纸，去除其面部特别是额头、鼻翼等出油部位的多余油脂、汗液，再采用点按的手法使用定妆粉进行按拍处理。

6 白纱化妆整体造型

6.1 知性甜美的白纱化妆整体造型

近年来画面唯美的韩剧在中国市场大热，韩剧中除了服饰搭配精美、身材高大帅气的男主角等"精神食粮"，知性甜美的女主角的妆容造型也成为众多女生们心目中不可或缺的日常参照标准。无论是生活日常妆容打扮，还是新婚佳人结婚照拍摄，就连结婚当天的各种化妆造型都争相模仿这些韩剧中的妆容造型。本章结合行业发展所需白纱化妆整体造型，首先就为大家介绍几款知性甜美的韩式风格新娘造型，以供广大化妆师根据所服务的化妆对象气质特点为其进行最适合的整体造型设计。

知性甜美的造型主要通过化妆师超凡的审美能力和娴熟化妆造型手法技巧来表现和打造化妆对象年龄感上的清纯和内在的文艺气质。我们生活中会遇到很多化妆对象喜欢清纯可爱的感觉，可并不是每个人都适合，但经过化妆师的合理引导和用心打造，还是可以对化妆对象进行适度的知性甜美风格塑造。我们都说眼睛是心灵的窗户，但眼睛也会出卖人的年龄，书中通常所说的"人老珠黄"的"珠黄"就是这个意思，当我们在跟化妆对象进行沟通，决定为其设计这类风格造型之前，一定要观察化妆对象在整体气质上的感觉，如果不适合知性甜美感的人尝试这种妆型，有时候会适得其反，因此对化妆对象的整体气质把握得当是进行知性甜美风格打造的关键环节。化妆师也可以帮助部分可以尝试此类风格打造的化妆对象利用一些现代流行的方式和方法造型，比如使用美瞳，现代流行的、多种多样款式的美瞳能制造出各种场合所需要的眼神效果，所以在对化妆对象进行妆容打造的时候化妆师们可以适当地采用这种方法。

1. 知性甜美的白纱化妆造型款式风格一

可设计采用甜美低盘头发型，甜美温暖的中分设计，卷发盘成韩式风格盘发发型，给人留下一种知性的高贵优雅印象。简单的在发顶扎上一款新娘礼冠，瞬间为整个发型增添了高洁、大气的感觉。

2. 知性甜美的白纱化妆造型款式风格二

可设计采用知性波浪发型款式的设计，十分的简洁大方，中分设计凸显出新娘精致的面部轮廓，体现知性、美丽、成熟的气质。饰品上可以使用可爱蝴蝶结的系列发饰可以让新娘有着俏皮可爱的感觉，这种造型十分适合一些怕麻烦又想方便省事迅速出效果的新娘。

3. 知性甜美的白纱化妆造型款式风格三

可设计采用韩式半扎发型，舍弃传统厚厚的刘海，可以适当使用当下流行的韩式空气刘海，利用宽齿发梳将头发整齐地梳向脑后，然后设计出一个时尚的半扎发型，顿时会使化妆对象有种干净和高洁的感觉。使用卷棒将脑后的丝丝秀发做出非常蓬松的卷发效果，并采用无限打蓬方式，利用尖尾梳调节发尾弧度走向的设计，知性浪漫又时尚，同时又打造出甜美可爱的气质。

6.1.1　妆容的配比

化妆师想突出打造化妆对象知性甜美的妆容感觉，首先要在眼妆的处理上做一定思考，避免陷入俗套的妆面粉饰流程。眼妆的处理可以适当地将眼睛纵向加宽，但是在眼型修饰过程中还是要保持化妆对象的基本特征，不要千篇一律地打造成同一款类型。色彩的选择着重突出化妆对象妆容的粉嫩感，腮红的处理可以采用圈型打法，不用刻意地去修饰面部的轮廓感。值得一提的是，在打造知性甜美的白纱化妆造型过程中，化妆对象的眉毛不要处理得过于高挑，那样会增加年龄感，眉毛要保持平顺自然的感觉，比如可以尝试时下流行的一字眉，这种眉型就适用于该款妆型。

6.1.2　造型的感觉

在知性甜美的白纱造型上，俏皮可爱的丸子头、干净整洁的"BOBO头"、灵动透气的短发、松散的辫子造型、零乱蓬起的可爱盘发等都可以选择。任一种造型的选择和打造，都取决于造型师对化妆对象内涵和气质的把握，"知性甜美"给人们的感觉就是生动、有内涵、富于灵气，所以千万不要把化妆对象打造成过于光滑而显得老气的造型。

6.1.3 饰品的搭配

在知性甜美的白纱造型饰品的选择上，蕾丝款式的系列发夹、蝴蝶结、发带、灵动可爱的兔儿朵发饰、生动新鲜的小花瓣、颜色不一的可爱小夹子等都可以选择。能突出"甜美"的饰品有很多，但在突出"知性"的感觉方面，还是需要化妆师跟化妆对象巧妙引导和沟通，从深层次方面去挖掘其内在修养，然后根据其不同感觉的造型选择不同的饰品。

① 日系的丸子头：搭配颜色不一、可爱的小夹子、小蝴蝶结等

② "BOBO头"：蕾丝款式的蝴蝶结、发夹、发带。

③ 松散的辫子：灵动可爱的兔耳朵发饰、蝴蝶结、发带。

④ 俏皮短发、凌乱蓬起的盘发：小花瓣、蝴蝶结。

在饰品选择搭配方面，种类和材质上针对饰品的选择没有固定和统一的模式，化妆师只要能根据化妆对象的长相、气质及内涵，通过自身审美能力的把握，就可以搭配出漂亮、独树一帜而别出心裁的感觉。对于为每一位女性打造一份专属的美好事物，是没有化妆师办不到的事。

6.1.4 服装的款式

在服饰的选择上，为化妆对象打造知性甜美感的造型可以选择短款小蓬裙的服装，例如选择公主袖的短款白纱，也可以选择多层次蓬蓬纱的设计感白纱等。化妆师在选择一款白纱的时候不要陷入特

定的条条框框固定模式。在选择甜美感觉的白纱时注意服装不能太沉重，款型不要太老旧。

6.1.5　适宜的人群

知性甜美的白纱造型比较适合脸型圆润、骨骼感不强、皮肤细嫩、年龄感偏小、文艺有内涵、眼神清澈的人，如果化妆对象属于娃娃脸、瓜子脸的年轻女性，更适合为其打造知性甜美感的造型。

化妆造型步骤操作实例

① 为模特做好妆前皮肤护理工作，固定好散落的发尾部分；

② 采用立体打底法为模特均匀地进行底妆处理，并用粉扑定妆；

③ 用大号刷为面部粉扑不易处理的部位进行细节定妆；

④ 眉型处理；

⑤ 根据面部结构对眼部进行局部提亮，进行眼线修饰，重点在眼睑后半段；

⑥ 眼部细节深入处理，在上眼睑晕染绛红色眼影，用赭石色眼影加深后眼尾的位置，根据面部比例对鼻侧影进行修饰；

⑦ 根据示范操作图使用正确方式操作睫毛夹处理睫毛，视其需要选择假睫毛进行粘贴；

⑧ 根据示范操作图利用睫毛膏刷头正确处理上下睫毛；

⑨ 处理下眼睑散落的眼影余粉，眉骨、眼尾、眼头三点提亮，晕染层次要清晰；

⑩ 晕染腮红，涂抹唇色唇彩，用双修粉修饰脸型；

⑪ 从整体角度出发，立体修饰脸型及五官各部位细节处理；

⑫ 初步完成妆面效果，待整体造型结束视情节需要再次进行妆面调节；

⑬ 用包发梳将头发梳顺，避免有发丝打结；

⑭ 使用中号卷棒对恤发器未处理到的发尾部分进行整理；

⑮ 发尾整理结束后将发丝重新梳理整齐，准备进行下一步操作；

⑯ 待发丝梳理顺滑之后对发尾部分进行适当的编排处理；

⑰ 在造型的点睛之处佩戴精致的发饰；

⑱ 采用隐形下卡子的方法正确固定饰品所在位置，调节好发尾卷翘部位；

⑲ 用发胶整理好局部发丝走向；

⑳ 根据整体造型所需效果使用尖尾梳对刘海区发丝进行调节、整理、固定，修饰额头；

㉑ 调整发型层次，调节面部妆容，完成造型设计；

㉒ 进入摄影棚进行 360° 拍摄；

㉓ 完成妆面造型效果图。

6.2　简约时尚的白纱化妆整体造型

紧随当下国际潮流的流行趋势是简约时尚的白纱化妆造型的灵魂所在。即采用时尚、简约的裸妆化妆技法，突出每一位化妆对象的面部优势特点。

简约时尚的白纱化妆造型主要通过化妆师娴熟的化妆造型技巧和敏锐的时尚洞悉能力，来表现简单而精致、富有现代气息的妆容造型感觉。因为每个人的喜爱和偏好都互不相同，有的人喜欢夸张华丽、雍容富贵感觉，同样也有化妆对象只是要求结合当季流行的简单潮流样式，以回归自然淳朴、体现个人本色的妆型来对自身进行白纱化妆造型设计。作为一名优秀的化妆师需要注意的是：简约并不是简单、随便，同样需要一双巧手精心地进行局部的修饰矫正和整体的节奏把握。有时候简约时尚感的妆型处理起来反而比那些看似复杂多变的妆型难度更大一些，因为化妆造型过程中需要省去很多具有修饰作用的饰物的使用，以及多元化的色彩元素搭配，所以对化妆造型师的专业功底、是否能结合时尚气息元素和化妆对象本身形象的能力都是一个巨大的考验。

6.2.1　妆容配比

简约时尚的白纱化妆造型，其妆容重点在于对肌肤和眼神的塑造。让肌肤光彩四溢，没有明显的化妆修饰痕迹，可采用膏状粉底配稀释一定的粉底霜或者粉底液，再进行打底。打造一款富有时尚气息的眼妆并不是一件难事，化妆师只要大胆抛弃一些烦杂的不同色彩组合，使用睫毛和眼线简简单单地去增强眼神的灵动性。

小贴士

让皮肤基底焕发光洁亮丽的妙招：使用膏状腮红和粉底液混合出最恰当的颜色处理在腮红位置，让皮肤不仅自然有光泽，而且持久亮丽。如果化妆箱里面没有膏状腮红，可使用黏性适中的唇釉或唇蜜来代替。

对于简约时尚的白纱化妆造型的妆容处理，化妆师切记不要使用大面积饱和度高的色彩和过于浓密的睫毛去改变化妆对象本身固有的眼型。在眼妆的色彩运用方面，大部分情况下都是用比较浅淡的色彩，如淡淡的蓝色、紫色、粉色，浅棕色等咖色系或是大地色系。在眼影画法上，平涂、小烟熏式的渐层过渡、局部修饰等，都是比较常见的手法。睫毛的自然平翘，其效果要处理得比较自然。眼线根据化妆对象本身的眼睛形状和状况进行调整，比如上眼线的处理，是以化妆对象睁开眼能看到一条窄窄的流畅的眼线为标准，眼线处理不宜过宽。眉形的整体感觉要处理得自然平缓。因为简约时尚的白纱化妆造型整体妆容比较淡雅，所以在唇色和腮红上的选择都以体现自然本色效果为好，这样就使整个妆容看上去没有经过刻意的修饰。

根据笔者在工作中遇到的情况，曾遇到要求妆容既简约时尚又有芭比娃娃性感可爱的化妆对象，现对其妆容打造重点进行讲解：化妆师可以选用裸色系粉底＋立体底妆，令妆容清亮干净，没有瑕疵，其秘诀在于涂粉底之前在"T"字部位使用低珠光妆前乳，以突显出"T"字部位五官的立体感，令妆面的皮肤质感更加接近裸妆的妆效，同时省略化妆传统技法中对侧影和双修的强调，让底妆非常干净，五官轮廓结构精致。在对眼妆进行处理时，重点在于眼头和眼尾拉长眼线，以增强芭比妆容的风情和对眼神的突显。用膏状腮红结合液状粉底打造清新红润的自然肤色。流畅漂亮的眼线和清新红润的膏状腮红是打造简约时尚的芭比新娘造型必不可少的秘密武器。

6.2.2　造型的感觉

追求时尚潮流的女性更喜欢真实自然、能突出个人优势的造型。那么化妆师就要用心思考对化妆对象进行造型设计时如何抛弃千人一面的视觉效果，为其定位个人风格，这便是打造一款简约时尚的新娘造型魅力所在。

打造简约时尚的白纱造型要点：抛弃烦杂的色彩，用全新的造型和美妆方法呈现新娘最自然的一面，创造出视觉独特的简约时尚新娘妆容。

在简约时尚白纱的造型设计上，总体遵循一点，那就是看上去不复杂，不限定其风格感觉。化妆师在处理造型的时候，不要做过多的分区处理，不管是卷发还是盘发，只要使造型看上去简单精练就与主旨相契合了。

小贴士

飘逸的直发可以将化妆对象衬托得更加简约时尚、清新唯美，但记得一定要把化妆对象的头发吹蓬松。

6.2.3　饰品的搭配

在佩戴饰品的时候，不应佩戴使用过多的饰品，饰品主要功能是用来修饰造型的不足，起到为整体造型增色和修饰发型缺陷的作用。在饰品的选择上，不要有太多的限制。蝴蝶结可以制造可爱的简约时尚感，皇冠可以制造高贵的简约时尚感。不管化妆师使用哪种饰品进行整体造型上的增色，都取决于其审美和该款造型对体现主题思想的理解，只要造型看上去不夸张、不复杂即可。

化妆师如果设计的是一款飘逸的长直发，可以用羽毛和纱制作成造型别致的小帽子与之相搭配，这样将为造型增添轻盈飞扬、简约而时尚的感觉。

6.2.4 服装的款式

可以尝试选择全蕾丝婚纱，立体剪裁和胸部的设计，将会增强简约造型的时尚感和层次感。如果化妆对象的身材娇小可人，可以为其选择欧式小鱼尾的裙摆设计，将会显得其身材高挑，曲线完美。即使是同一款婚纱，也可以因人、造型、妆容的不同，展现出多样的风格特征。

与饰品的选择一样，可爱的服装款式可以简约时尚，高贵的服装款式也可以简约时尚。在服装款式的选择上，其设计感只要不要过于复杂，能够诠释出人物自身的美感即可。

6.2.5 适宜的人群

如果要成功打造一款简约时尚的白纱化妆造型，最大的要求就是化妆对象的脸型适合，瓜子脸、鹅蛋脸等标准脸型都比较适合这种感觉的造型设计，因为简约时尚的造型对脸型进行刻意修饰的作用很小，所以只有特定的脸型容易出效果。眼睛的基本形状也不需要做大幅度的调整，否则很容易使妆容过浓，也就脱离了简约时尚的主题风格，所以对化妆对象的眼型结构有一定要求。

在此以最新创作的"古韵裸肌妆容"简约时尚妆容的造型过程为例进行讲解。

古色韵香裸色肌肤妆容重点：用全新的底妆技巧令肌肤呈现完美的质感，打造出裸肌新娘的天然美。去掉厚重的粉底，用遮瑕霜和粉底液的混合物来打底，便可满足女孩子对完美肌肤的要求。无须定妆，只要在脸颊苹果肌和鼻梁处用粉刷刷上少量带有光泽的蜜粉就足够。棕色眼影和丝般光泽眼影是时尚裸妆必不可少的。仿真睫毛浓密纤长，涂少量的睫毛膏，让真假睫毛合为一体。发型上时尚的包纱技巧和蕾丝的使用不仅具有修饰脸型的作用，让妆容更美，还能有效地减淡整体造型的色彩，让白纱造型白得更彻底，突显艺术气息。

1. 化妆造型步骤操作实例一

（为了确保讲解化妆造型整体流程的连贯性，本书采用对同一模特进行妆面造型快速变化并记录示范教程。）

① 用宽齿梳和手指配合理顺全头发丝，确保发梢不打结；

② 用尖尾梳将各区头发梳向黄金点位置，确保刘海区、两侧区、顶区、后区头发朝同一点方向；

③ 用双股皮筋固定马尾；

④ 确保马尾整体效果干净、自然；

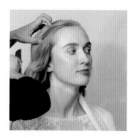   

⑤ 因为整体造型采用发片的方式进行处理，在马尾根部可以使用发卡起到固定支撑的作用；

⑥ 将发梢分为两股，将发丝分别梳顺滑，以便造型；

⑦ 取出第一股发片梳理顺滑，确定好向上的方向；

⑧ 利用尖尾梳尾部进行向内的包发处理；

⑨ 双手配合衔接，用发卡固定好第一个发包走向及形状；

⑩ 为确保造型不变形，利用鸭嘴夹固定好发卡处的根部头发，然后对余下发梢进行梳理；

⑪ 利用尖尾梳尾部确定第二个包发的位置和形状并进行固定；

⑫ 处理第一片头发的第三个包发的位置和形状并进行固定；

⑬ 采用隐形下卡子的方法处理好发尾；

⑭ 将余下头发分为两股，喷上发胶进行下一步处理；

⑮ 利用尖尾梳尾部进行第二股发片的包发处理；

⑯ 双手配合对第二股发片的包发余下发梢进行处理；

⑰ 将余下所有头发梳理光滑，进行下一步处理；

⑱ 衔接好利用前两股发片制作的包发需要修饰的位置；

⑲ 余下发梢向下处理成一个小发包，修饰发髻底部造型；

⑳ 利用尖尾梳尾部处理好发尾；

㉑ 利用下隐形卡子的方法固定好发梢尾部余发；

㉒ 完成发髻制作；

㉓ 用胶棒把额头的跟后面的碎头发处理干净、服帖；

㉔ 完成头发的整体处理；

㉕ 后侧区视图；

㉖ 确定准确位置进行第一朵鲜花的佩戴；

㉗ 将第二朵鲜花固定在设计造型位置；

㉘ 处理第三朵鲜花的造型位置；

㉙ 完成造型设计，准备进行下一步妆容修改；

㉚ 用唇线笔描画唇型；

㉛ 选用鲜花相同色号的唇膏对下唇先进行修饰；

㉜ 完成下唇上色，确保左右对称，形状准确；

㉝ 确定双侧唇峰位置，进行上唇描画；

㉞ 用粉饼清理面部油光，调整腮红，完成妆面及造型设计；

㉟ 选择饰品并进行佩戴；

㊱ 进入摄影棚进行 360° 拍摄；

㊲ 完成妆面造型效果图。

 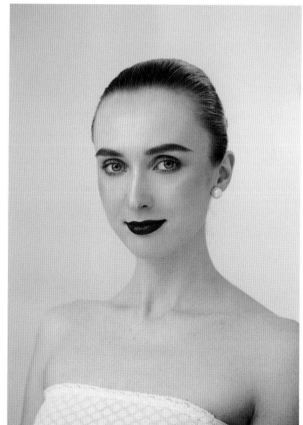

2. 化妆造型步骤操作实例二

① 拆掉前一款造型并用包发梳将头发梳顺，确保发梢不打结；

② 均匀将发胶喷在发型表面；

③ 用尖尾梳将全部头发梳向颈部，确定低髻位置；

④ 用双股皮筋扎好马尾；

⑤ 将全部头发梳顺向上做包发处理；

⑥ 整理余下部分头发向下做第二个包修饰整体造型；

⑦ 用发卡固定好根部，对余下发尾进行整理，准备进行下一步操作；

⑧ 用尖尾梳将发梢梳顺；

⑨ 喷上发胶向下修饰造型下面部分，并下隐形发卡将发尾固定；

⑩ 拉伸第一个发包造型延展面，对另外一侧进行固定，并通过发包延展面遮住外露发卡；

⑪ 完成造型后视图；

⑫ 完成造型侧后视图；

⑬ 选择珍珠材质饰品对发髻进行点缀修饰；

⑭ 利用大小不一的珍珠对发型后区进行点缀修饰，确保整体造型协调统一；

⑮ 佩戴同样材质的项链；

⑯ 用粉饼清理面部油光，调整腮红及眼影，完成整体妆容造型，进入摄影棚进行 360° 拍摄；

⑰ 完成妆面造型效果图。

6.3　高贵优雅的白纱化妆整体造型

高贵优雅的感觉是女人由内向外散发的一种气质。在我们的生活中，一个漂亮的女人也许称不上高贵优雅，但一个高贵优雅的女人一定是漂亮、迷人的。高贵优雅这个词本身，对女性自身的要求很高，没有品位称不上高贵，胸无点墨称不上优雅。高贵优雅是阳光、豁达、自立、自强的代名词，只有具备自幼书香门第熏陶出来的修养，自身渊博的学识，厅堂之上大方的谈吐、得体的装扮、良好的行为等举止及言行的人才称得上高贵优雅。

到底怎么算得上高贵优雅？怎样才能做一个高贵优雅的女人？高贵优雅是一种很纯粹的气息，是一种天然去雕饰的韵致，是茫茫人海中偶尔驻足的一个回眸。

高贵优雅的白纱化妆造型主要通过阅人无数的化妆师，在化妆对象落座的一刹那，对其家庭出身和社会地位就有了敏锐而明晰的判断，利用娴熟的化妆造型技巧悉心为其定位打造精致、雅致，饱含大家闺秀气概的妆容造型。想要打造一款高贵优雅的白纱化妆造型，除了选择正确的化妆对象进行妆容打造之外，作为化妆师还要明白："真正有气质的淑女，从不炫耀她所拥有的一切，她不会告诉别人她读过什么书，去过什么地方，有多少件衣裳，买过什么珠宝，因为她的自信都源于内心深处，从每一个毛孔散发出来影响身边的每一个人。"

高贵优雅的女人是极具品位的。这样的化妆对象知道什么场合该穿什么衣服，也懂得搭配，搭配不一定浑身上下全是名牌和奢侈品，她们懂得用最简单、最自然的装束彰显自己的气质。高贵优雅的女人有自己的兴趣和喜好，这点需要化妆师一定要有方式方法的、有的放矢地去加以了解。高贵优雅的白纱被很多化妆对象列为心中备选款式，其使用频率非常高，因为它符合大部分人想去塑造的气质。很多人会精心塑造自身气质形象，选择拍摄一组高贵优雅感觉的婚纱照，因为她们都太想在人生中的大事上留下精彩的瞬间，所以很多人偏爱高贵、优雅的大气形象。例如，奥黛丽·赫本的盘发造型就是一个经典高贵优雅的荧屏代表形象。

6.3.1　妆容配比

化妆师要打造一款高贵优雅的白纱妆面效果，首先在妆容色彩的处理上就要有明确的定位。高贵优雅的白纱妆容主要采用棕色、金色、金棕色、咖啡色等，因为这样质感的妆容色彩比较具有内敛庄重感，不具备色彩饱和度高的鲜艳色彩的跳跃感。亚光的咖啡色系处理不到位，就容易造成年龄感偏大、神态老成的感觉，而相比之下金、棕色会产生更好的妆面效果。小烟熏、渐层式的处理手法修饰眼妆，搭配自然微挑的眉形，提升面部结构的腮红搭配适当偏橙的自然肉色，结合一款淡金粉色的唇彩，就能达到很好的效果。

6.3.2　造型的感觉

为高贵优雅的化妆对象进行白纱造型打造，化妆师要明白这位化妆对象的气质犹如一杯淡之又淡的名贵好酒，浓郁、醇正，且温和。这样的化妆对象不同于寻常，她心态是高贵的，所以为这样的化妆对象打造高贵优雅的造型感觉一定要紧抓其要点。

化妆师在设计制作高贵优雅的白纱造型时主要以向上盘起的造型为主，如果要体现化妆对象高贵优雅的感觉，一般要遵循造型整体感的最底端不会低于肩颈位置的原则。盘束起的头发如果想表现出一定的庄重感，可以将头发表面做得尽量平整，整体造型的体积可以略大一些。如果想表现高贵优雅中带有一丝女性的柔美，我们可以将整体造型的层次感设计过渡做得更自然一些。如果化妆对象的脸型稍显长，化妆师要将整体造型的设计主体放在两侧，反之亦然。

6.3.3 饰品的选择

高贵优雅感的整体造型在饰品选择方面，皇冠是首选，很多高贵优雅感的造型都以佩戴皇冠来表现这种感觉。当然皇冠也是有所区分的：高贵优雅中透露出奢华大气的感觉的造型比较适合使用比较大的、造型感锐利的皇冠；相反，造型感柔和、设计细腻的皇冠比较适合高贵优雅中透露出一丝女性柔美的感觉的造型；而精致小巧的皇冠更适合可爱感的造型，不适合高贵优雅感的整体造型。皇冠等饰品一般戴在整体造型的正中位置更适合表现高贵优雅。

6.3.4 服饰的款式

化妆师要为一款高贵优雅的白纱化妆造型选择合适的服装，其选择范围较广，可供选择款式比较多样，一些看似设计感很传统保守的婚纱，如连肩、带袖的婚纱，都很适合这种妆容造型。在服装面料材质的质感选择上，缎面的婚纱更适合表现高贵优雅感觉的妆容造型。

6.3.5 适合的人群

通过合理引导及修饰，大部分人都适合这种感觉的妆型，但作为化妆师切记需要为其提醒的是整体造型结束后合理的言行举止。相对其他造型，高贵优雅的造型更适合一些年龄偏大的化妆对象。如果整体感觉非常显小的化妆对象要尝试该款妆容造型，应建议避免做这种妆型，因为这种妆型会在一定程度上使其年龄感增大，这种年龄感上的增大会与其本身的气质产生冲突，最终效果会大打折扣。

我们很少用"高贵优雅"称赞年轻的女孩，女人的高贵优雅需要岁月的积淀，高贵优雅是人生中经历了一些事情，有了丰富阅历之后的一种很自然的魅力显现，是一个成熟女性宠辱不惊的从容和大度，是懂得感恩、容易满足的心情，这些，无疑是很多年轻女孩所不适合的一种风格尝试，化妆师需要注意的是：高贵优雅，需要岁月的积淀。

6.4　浪漫唯美的白纱化妆整体造型

浪漫唯美的白纱化妆造型在实际运用中出现地非常广泛。化妆师在对化妆对象进行浪漫唯美白纱化妆造型设计时，需要注重对其意境的把握，比如眼妆的处理、眉形的把握，以及整体造型的层次等，都是否达到了所要表达主题的感觉，用自己所擅长的妆容处理技术手法来烘托强化妆型的主体感。正如一篇文章，每一种妆型都有着类似于文章所需要表达的中心思想灵魂所在，以及适合这种妆型的特定人群，如果我们能够在实际运用中紧紧抓住这些需要围绕加强表现的中心点，就会让我们在日常工作过程中达到事半功倍的效果。

6.4.1　妆容配比

化妆师在对化妆对象进行浪漫唯美的白纱化妆造型设计时，应时刻谨记整体造型效果是围绕着"温馨"二字展开。在进行妆面处理时，对化妆对象妆容的色彩表现要注重自然柔和。在进行眼妆处理的时候，不要过分强调以粗重的眼线纠正眼型，还是要以体现化妆对象的基本特征为主；在假睫毛的选择使用上不宜过于浓密，以体现"自然、唯美"为主；眉形的处理、眉粉的选择要过渡得自然柔和。化妆师对浪漫唯美的白纱化妆造型设计时，切忌将妆容的整体感觉处理得过于浮夸，"唯美"与"艳俗"之间的度一定要把握得当。在妆面的色彩整体搭配上把握，以淡雅、柔和、自然为原则，例如，淡淡的金棕色、低珠光的水红色、颗粒感极细的浅紫色，以及所有带一定微珠光的绛色系都是很好的选择。腮红和唇色的选择上尽量以粉色系为主，主要是为了呈现出化妆对象妆面的粉嫩气色效果，起到柔和妆容的作用。眼影处理手法上以平涂、渐层为主，不要刻意强调化妆对象的眼部结构，通过一定色彩的搭配凸显眼妆与整体妆容的协调性，通过对眉型、腮红、唇色等与之相配的整体色彩搭配，体现妆容的浪漫唯美感，最终通过每一个细节的恰当处理去完善化妆师所预定的整体妆容设计效果。

6.4.2　造型的感觉

作为新娘是一个女人一生中最幸福的时刻，美好的日子根据自身气质打造一款浪漫唯美的新娘造型更能增添新人的幸福感，造型的感觉是将化妆对象的独特气质予以呈现。在进行浪漫唯美的造型设计时，不管是为化妆对象选择盘发还是披发的发型，都是以体现整体造型的层次感、自然感为目的，不要刻意去强调造型或发饰上的某一个局部细节，要对精细随意感的造型进行塑造。具有一定空气流动感的轻巧盘发或编发、自然散开使用大号卷棒打造出的纹理披发，凡属于自然流畅、没有刻意修饰痕迹的发型都非常适合浪漫唯美的造型，例如，欧美风的卷发新娘发型，或经烫染后颇具时尚感的浅色系盘发，加以色彩斑斓的鲜花点缀，造型看起来会显得很浪漫清新，魅力气质瞬间爆棚。

①采用编发的方式沿发际线向后做造型，有一种淡淡的优雅气质，搭配设计精美的珍珠发箍，可以将脸庞的清纯气息勾勒出来。

②将全部的头发盘起来，很浪漫唯美的一款新娘发型，留下几条轻盈的卷发修饰脸型，饰品搭配绽放中的色彩斑斓鲜花头饰，瞬间气质飙升，凸显魅力。

③如果是时尚的染发，不一定采用束发的方式，可随意散搭在肩上，灵动自然的发丝纹理，散发出女性的时尚魅力，搭配一款淑女风格的头饰即可。

④采用偏分的新娘盘发造型，发尾放低，展现小清新的气质，发饰选用色彩明快的盛开大花朵点缀，可以提升富于青春气息的甜美气质，唯美动人。

6.4.3　饰品的选择

色彩感强烈的各式鲜花组合，色彩柔和的绛色蕾丝、薄纱，轻盈的羽毛质感的配饰等，都可以成功为浪漫唯美感的造型起画龙点睛的效果。尽量避免使用庄重的皇冠、夸张的钻饰等质感太强的饰品，这样反而破坏了整体造型效果。

6.4.4　服装的款式

穿着婚纱是一生的记忆，也是每个女孩子儿时的梦。童话中的公主就是穿着美丽的蓬蓬裙，纱质感的婚纱浪漫唯美的风格中用得比较多，缎面的婚纱也可以运用在浪漫唯美的风格中，只是在服装的款式选择上不要过于中规中矩。深 V、抹胸、高腰线、蓬蓬裙等都可以用来体现这种风格的感觉。

6.4.5　适合的人群

这种整体造型的风格适合大部分人群,如果化妆对象的五官完美、气质优雅,则更能凸显妆型效果,但化妆对象的年龄不宜过大或过小，适中即可。

1. 化妆造型步骤操作实例一

① 将顶区头发用续发的方式向后轻微拧集在黄金点用发卡固定；

② 采用抽丝的方法将每股续发的最外层发丝抽离出来，使发丝形成自然灵动的透气效果；

③ 从固定顶区头发的发卡部位取两片头发自上而下编两股三股辫，并对下发卡部位进行修饰，编发效果不要太紧，可适当松动一点，以便进行下一步操作；

④ 采用抽丝的方法，对两股发辫自上而下进行处理，注意操作手法的细腻；

⑤ 两股发辫进行抽丝造型处理后的效果；

⑥ 取外侧的发辫向上花瓣造型，并将其固定在黄金点一侧，注意花瓣造型高低的位置；

⑦ 取耳后线到花瓣造型区域间头发，采用鱼骨辫的方式自上而下对侧后区头发进行处理；

⑧ 用相同手法对另外一侧头发进行鱼骨辫处理，并将剩余所有发尾在颈部位置用皮筋束好；

⑨ 对第二股三股辫进行花瓣造型处理，并将其固定在右侧鱼骨辫根部，做好与第一个花瓣造型位置的衔接，并对鱼骨辫根部造型进行修饰；

⑩ 待两个花瓣造型位置确定后，对两侧鱼骨辫进行抽丝处理，注意造型的精致处理；

⑪ 将皮筋束好的发尾部分进行鱼骨辫处理，并用相同手法对最外层发丝进行相同程度抽丝处理，注意上下造型的衔接，不能忽略造型的灵动感；

⑫ 用三股续发辫的手法对左侧区全部头发进行处理，直至发梢尾端，以便下一步造型操作，适当留两缕刘海区发丝自然垂下；

⑬ 从刘海区向右后侧作编发处理，续发的角度与头颅弧度保持一致，适当留两缕刘海区发丝自然垂下，在后面造型过程中通过对刘海区发丝的处理增强整体造型的浪漫唯美感觉；

⑭ 将发尾固定于黄金点附近，注意右侧发辫纹理走向以确保造型整体效果饱满；

⑮ 发型左后视图完成效果，要注意左右两侧区的发辫走向弧度是不一样的；

⑯ 发型处理完毕左侧效果如图；

⑰ 发型处理完毕后视效果如图；

⑱ 佩戴发饰，用精美的饰品在造型衔接处零星点缀，用浅色系丝带在皮筋外面将其系住；

⑲ 利用手工制作蝴蝶结的方式对丝带进行处理，加强造型的浪漫唯美感；

⑳ 佩戴与发饰相同材质的项链，为衔接后区丝带蝴蝶结效果，可以在项链上手工增加相同材质的同一浅色系丝带蝴蝶结；

㉑ 造型右侧效果图；

㉒ 造型左侧效果图；

㉓ 造型后侧效果图；

㉔ 用粉饼清理面部油光，加强面部腮红处理，完成整体造型，进入摄影棚进行 360° 拍摄；

㉕ 完成妆面造型效果图。

2. 化妆造型步骤操作实例二

① 将头发梳理顺滑，发梢不打结；

② 采用拧集的手法从侧后区开始对头发进行处理；

③ 采用隐形下发卡的方式将分区的几股头发固定在颈部上方，完成效果如图所示；

④ 将每股发辫表面一层头发向外处理使其松动，注意提拉力度的控制，对每股发辫自上而下进行处理，操作过程中注意处理手法要细腻轻盈；

⑤ 将刘海区头发拧集成一束全部固定于黄金点位置；

⑥ 将刘海区头发表面一层头发向外处理使其松动，并对固定于颈部后的头发进行鱼骨辫处理，同样对鱼骨辫最外层进行抽丝处理；

⑦ 发型处理完毕模特正面造型效果图；

⑧ 发型处理完毕模特后面造型效果图；

⑨ 佩戴饰品，注意固定饰品的发卡不要外露，在饰品间隙处适当抽取发丝烫出一定弧度；

⑩ 在颈部固定发卡的位置系上与饰品颜色一致的丝带，将外露发卡遮住；

⑪ 在丝带制作而成的蝴蝶结旁边佩戴与前区一样的发饰，与整体造型衔接；

⑫ 用粉饼清理面部油光，完成整体造型，进入摄影棚进行 360° 拍摄；

⑬ 完成妆面造型效果图。

3. 缔造浪漫唯美的白纱化妆整体造型

（1）自然完美肌肤的打造

完美的肌肤不仅仅只是白皙无暇，更要散发出健康柔和的光泽，具有珠光效果的底霜是最好的选择，蘸取适量在脸颊上均匀推开，细腻的粉质打造出轻盈透亮的肌肤，营造出温婉的女性魅力。

（2）五官的精致立体

大部分东方新娘的五官轮廓都比较平淡，看上去缺乏亮点，因此可以通过使用修颜粉来达到塑造立体五官的效果，用大号的化妆刷蘸取比粉底深一个色号的修颜粉轻轻打在脸颊和发际处，沿着颧骨拉出纵向阴影，可以让脸看起来玲珑精致，眉尾部分也应适当做修饰，才能看起来棱角分明。

（3）高光点亮肤色

高光是底妆中必不可少的一步，婚前繁乱的准备工作难免会让新娘的皮肤出现一些暗沉，所以在眼部下方以及"T"字部位使用高光，可以让整个人看起来精神焕发，毫无疲倦之感。为了保持妆容的透明度，最好分几次晕开。

（4）腮红渐变式

先在颧骨最高的位置打上膏状腮红，这类腮红具有良好的持久性，不易脱妆且质感细腻，然后再叠加涂上前一个色号的粉状腮红，并用粉刷向眉尾拉伸，这种叠加的渐变式效果，可以让妆容看起来更有层次感，增加新娘的甜美度。

（5）眉毛线条的强调

清新舒展的眉毛线条可以突显出新娘的幸福感，在已完成的眉妆基础上，用眉粉强调眉毛的线条，加强眉头至鼻梁的阴影，可以让鼻子看起来更加挺拔，然后在眉毛的下缘扫上高光粉，眉毛自然优雅动人。

（6）眼影的浪漫色调

选择细腻的橘色眼影与棕色眼影相融合，可以打造出深邃的眼部轮廓，同时又不失温柔妩媚的女性气息，将橘色眼影叠加涂抹在双眼皮皱褶处，注意两者的均匀过渡，可以让双眼看起来流光溢彩，为了强调成熟华丽的韵味，可以在眼尾后段加入少量的假睫毛。

（7）下眼睑的晕染

为了实现眼妆的上下呼应，下眼睑也应该刷上橘色眼影作为装点，但不需要晕染整个眼睑，在接近眼尾三分之一处涂抹即可，等到色彩与上眼睑自然衔接后再用大号的粉刷轻轻扫除多余的浮粉即可。

（8）水润朱唇

过于闪亮的唇彩容易破坏新娘妆的圣洁感和高贵感，因此打造新娘妆的唇妆可以先使用唇膏进行打底，营造出充满质感的柔和唇色，然后再利用高光点亮，光泽明媚却不会过于炫目，可使用唇刷先仔细描绘唇边的高光然后再用刷子均匀刷开。

（9）充满女人味松软的浪漫盘发发型

蓬松自然是其一大特点，近年来，此种风格逐渐成为最受欢迎的新娘造型风格之一。浪漫唯美风格无论是应用在时下流行的旅行婚纱造型上还是应用于婚礼当日的外景拍摄造型，都是非常时尚浪漫的。该款造型比较适合身材圆润且有气质的女性，整个造型可以让新娘散发出一丝慵懒的气息，不经意间尽显迷人魅力，借鉴欧美新娘发型的优雅浪漫，唯美花饰的完美搭配打造精致新娘的浪漫气质！

发型处理的技法选择：两股拉花、两股拧绳拉花盘发、鱼骨拉花、后盘发。

饰品搭配选择：绢花、珍珠等能展现女性优美气质的饰品。

小贴士

　　浪漫唯美风格的新娘造型主要突出了唯美、含蓄、浪漫的气息。造型主要运用卷发、拧绳、抽丝的技法来完成。为了更好地表现出化妆对象的造型唯美感，刘海不能做得太高，头饰是增添造型时尚感的重要元素，绢花、珍珠等类型的饰品都非常能体现女人的浪漫唯美气质，当然都非常适用于此类型的造型上。

7 晚礼化妆整体造型

7.1 复古优雅的晚礼化妆整体造型

从 T 台上走向街头，优雅复古的设计风格近年来可谓风靡整个时尚界，颇具一定审美意识的时尚女性们纷纷被其所吸引，从晚礼服饰造型的选择到模仿复古画报的经典发型，再到展现风情万种的个人复古气质，每一个对自身形象颠覆性的改变，都让人惊艳。

从妆容到发型、从发型到配饰、从配饰到服饰，再到对化妆对象全方位整体造型的选择，vintage（复古）风可谓铺天盖地袭来，化妆师可以适当在生活中从复古画报中汲取搭配灵感到化妆对象身上并进行完美诠释。

复古优雅的晚礼化妆造型主要体现古典气息的女人韵味，而作为晚礼妆型来说，可以将古典元素以现代的手法加以运用。化妆师要明白：走复古优雅的路线并不是一味地对过去的东西进行刻意模仿，而是要符合现代审美以及化妆对象所处场合的晚礼妆型需要。复古元素有很多，比如流畅细长的黑色复古眼线、复古的红唇、波纹式卷发、光洁的盘发，以及各种风格的手推、手摆波纹等。

7.1.1 妆容配比

"立体底妆，经典红唇，高挑眉型，飞扬眼线"，这些经常出现形容妆面特征的词汇是概括复古优雅晚礼妆容的关键词。首先采用立体打底法对五官结构进行强化凸显，衬托出干净而微泛低珠光泽的皮肤质感，强调出深邃明亮的迷人眼神和饱满性感的经典红唇，释放出女性优雅的个性魅力。化妆师在进行优雅复古的晚礼妆容设计时，尽量要将化妆对象皮肤处理得白嫩一些，着重对其进行眼线的处理，可以将眼线适当往眼尾拉长，然后根据服饰颜色和化妆对象特点搭配同色系的眼影进行眼部修饰处理；不要将化妆对象的眉形处理得太宽，准确把握好整体眉形的流畅度、高挑度即可；进行睫毛处理时化妆师可以采用分段式粘贴的形式对睫毛进行局部浓密度加重，眼尾的假睫毛可以先行适当给予强调。

小贴士

若化妆对象适合并愿意尝试复古优雅的晚礼化妆造型，化妆师可以尝试在其立体白皙的底妆上进行红唇和复古眼线的搭配，这是一种不错的搭配方式。

7.1.2 造型的感觉

手推波纹、手摆波纹、干净的盘发、翻翘卷发、蓬松且纹理感强的披发，包括颇具现代感的清爽短发，是打造复古发型的技法要点，发型处理得干净简洁，也可以用中小号卷发器打造时代感较强的发型。化妆师设计的一款复古优雅的晚礼造型作品成功的关键，就是刘海区的造型是否出彩，光洁、蓬起、波纹等刘海等都是常用的处理方式。化妆师可以将化妆对象的卷发进行分层次处理，这种处理方法经常结合一些复古的帽饰一起做造型，其主要目的是通过对卷发纹理的处理使整体造型更生动。

7.1.3 饰品的选择

蕾丝面纱、黑色缎面手套、复古的帽子或蝴蝶结、金属质感的小饰品、小碎花伞、编织帽、呢绒帽、珍珠饰品、精致的羽毛组合饰品等是打造复古优雅的晚礼化妆整体造型风格的绝佳饰品。当然，也可把"复古优雅"注入一丝现代气息，如搭配皮质腰带、手包、缎面丝巾、珠宝首饰等。

7.1.4 服装的款式与色彩

柳腰蓬裙、修身轮廓、丝绸亮片、量身定制是化妆师对复古优雅的晚礼服款式选择的关键要素，每套服装都有每个时代服装的特点和历史遗留下来的印记，化妆师要根据化妆对象的形象气质特点做好服装款式与色彩的搭配。优雅复古的晚礼服颇具女性成熟气息，化妆师在为化妆对象选择服装时，一般尽量选择带有披肩的晚礼服、抹胸式的百褶裙式晚礼服、以及能充分展示女性身材玲珑曲线的晚礼服。服装色彩的选择上，选用黑色、酒红色、墨绿色等较为稳重的色彩，尽量避免选用轻快明艳的色彩即可。从总体上来讲，广大女性进行晚礼服装的选择时，复古优雅的风格路线被广泛接纳，将促使复古风格的服饰再一次走向时尚前沿。

7.1.5 适宜的人群

化妆对象的性格成熟稳重、举止优雅大方，属于一颦一笑间极具韵味的气质型女性，比较适合这种感觉的妆型。如果化妆对象的年龄偏小、五官圆润饱满度不强，就不太适合这种感觉的整体造型。

小贴士

打造复古优雅晚礼化妆整体造型的细节注意要点：

①洋装或简洁裤装可以体现化妆对象良好的身材比例；

②佩戴闪耀奢华的饰品可以起到画龙点睛的效果；

③整体服饰可以使用小型装饰性皮包、皮带进行点缀；

④精致华丽的鞋帽可以提升化妆对象的女性独特气质；

⑤将久违的手工、旧日的情怀、少见的色彩融入现代服饰，可以展现个性风格；

⑥化妆师可以将个人独特的创意构思酌情加入化妆对象的整体造型中，其独一无二的设计效果足以让人钦慕。

1. 化妆造型步骤操作实例（手推波纹）

① 从两侧耳后开始连线，将全部头发分为前后两个区，如图所示将前发区分为若干发片，并取出一个中号电卷棒进行预热，准备进行下一步操作，注意头发分区线条要直、发量均匀；

② 用中号卷棒处理好第一股发片，保持发片卷曲弧度形状不变，横向将卷棒取出，用鸭嘴夹从第一股发片根部将其夹好，操作过程中要确保鸭嘴夹夹住的发根位置是朝手推波纹走向的相反方向固定，然后进行第二股发片的处理；

③ 用相同的方法做好第二股发片的形状并用鸭嘴夹将其根部固定；

④ 在对每股发片进行处理的时候，一定要保持整片发丝的流畅性、用尖尾梳尾部进行分区的线条垂直度，烫发整体处理效果要干净、自然；

⑤ 将前区头发左侧全部处理完成后，对右侧进行相同手法的处理；

⑥ 前区全部头发处理完成效果图；

⑦ 将后区所有头发梳顺，在颈部发际线位置用皮筋固定，扎一个马尾；

⑧ 后区马尾位置及完成效果图；

⑨ 待后区马尾扎好后，将前区鸭嘴夹取下，按 6/4 的比例将头发分为左右两部分发区；

⑩ 将头发梳理整齐，并在左侧发区取出 1/3 发量进行处理，注意分区线条要直，发丝梳顺；

⑪ 取出第一片适量发片，利用尖尾梳、鸭嘴夹、发胶或啫喱进行手推波纹处理，注意工具和双手的配合，波纹的弧度和方向均可以用尖尾梳来进行适当的调节；

⑫ 在进行第二个波纹处理的时候，除了要对手推波纹的第一个发片续发处理之外，还要将发尾剩余头发梳理整齐，并根据化妆对象脸型和额头比例大小确定波纹的空间及位置走向；

在进行第一个波纹处理的时候，一定要使用鸭嘴夹将波纹的根部固定，否则形成的波纹根部是没有一个向上的线条的。

⑬ 可以用两个鸭嘴夹在每个波纹的最高点采用内外交叉固定的方式对其进行固定；

⑭ 在处理耳朵正上方位置的波纹方向时，需要考虑化妆对象的脸型；

⑮ 进行手推波纹造型设计时需要考虑化妆对象的脸型，利用波纹效果对面颊部位进行脸型修饰时，可以尝试波纹弧度不同、位置不同而呈现的不同效果，最终选择恰当位置进行固定；

⑯ 在进行波纹的发尾部分处理时注意波纹形状与耳朵的衔接，先将发尾沿着波纹方向固定于耳后；

⑰ 左侧波纹处理效果如图所示；

⑱ 用相同方法对右侧波纹进行处理；

⑲ 将前区手推波纹处理成图示效果后，喷发胶固定，并用尖尾梳尾部对杂发进行处理；

⑳ 对手推波纹造型余发进行整理，梳理方向与低髻的发丝走向保持一致，发尾缠绕于低髻造型时皮筋外露，并采用隐形发卡的方式将其固定；

㉑ 将马尾头发分为两股，并梳理顺滑；

㉒ 取出发量适当多一点的右侧头发向上做盘发处理，形成一个造型的局部支撑，注意保持发型表面发丝的光滑；

㉓ 对盘发的发尾部分进行梳理，造型设计过程中可以尝试盘发不同弧度、形状的摆放；

㉔ 使用鸭嘴夹在发髻造型的最高点进行固定，在处理发髻的下方形状和弧度时，注意对颈部及前区造型余下的发尾部分进行统一修饰处理；

㉕ 采用隐形发卡的方式隐藏发髻的发尾部分；

㉖ 梳理马尾剩下部分头发，使其顺滑；

㉗ 为使整体造型的发髻效果饱满，在其左侧凹陷处需要修饰的地方做一个小发包进行整体造型衔接；

㉘ 对发包的发尾部分进行梳理，并在需要修饰的造型位置尝试弧度不同、形状不同的小包发造型摆放，并确定最终形状和位置；

㉙ 采用隐形发卡的方式对发包进行固定；

㉚ 喷发胶固定发髻部位造型，发髻造型效果如图所示；

㉛ 确定喷胶已将前区造型固定不变形后，小心取下手推波纹造型上的鸭嘴夹；

㉜ 采用隐形发卡的方式在波纹造型受力点位置用"U"形卡对波纹进行固定；

㉝ 取下全部鸭嘴夹之后的前视图；

㉞ 取下全部鸭嘴夹之后的左视图；

㉟ 取下全部鸭嘴夹之后的右视图；

㊱ 在前期准备的系列复古优雅饰品中选择一款精致适当的饰品进行佩戴、固定；

㊲ 用粉饼清理面部油光，调整唇型和唇色，加重腮红，完成妆面及整体造型设计；

㊳ 完成整体造型右侧 3/4 如图所示；

㊴ 完成整体造型侧视图；

㊵ 进入摄影棚进行 360° 拍摄；

㊶ 完成妆面造型效果图。

2. 小结

（1）造型要点一

发型上小小的改变就能让化妆对象的气质华丽升级。如果化妆对象不想对自身形象作太大改动，那么化妆师可以通过一些精致的小饰品为其复古造型加以点缀。头发进行卷杠处理之后用大号包发梳将其发丝梳理顺滑，并顺着发丝走向做造型，这样可以大大提升化妆对象的气场。如果化妆对象年龄偏大，担心整体造型的完成效果显老，那就需要化妆师在进行眼妆效果处理时多花费一些精力：使用单根睫毛来塑造眼神的清澈效果，另外适当加上泛有珠光质感的粉金色眼影，妆效经过这样处理之后会显得年轻华丽，即使没有使用其他饰品加以点缀，也能展现出化妆对象所需求的复古优雅独特之美。

（2）造型要点二

① 睫毛使用粘黏单根睫毛的方式，会使眼妆呈现效果更加真实自然。

② 对眉毛进行处理时，先用眉笔确定眉型，再用眉粉进行色泽过渡，最后用与发色一致的染眉膏沿眉型生长方向梳理，既可以使化妆对象的眉形浓淡有致，还能有效防止妆容完成后脱妆的问题。

③ 选用丝绒唇釉，不易脱妆的同时还能够使双唇的妆效处理有质感。

④ 根据皇冠的形状及大小确定好要固定发髻的位置，如果皇冠小而精致，可以在前区、后区分做两个发髻造型，最后再酌情确定皇冠佩戴的位置。

⑤ 进行造型设计时，为了使发丝顺滑，令最终整体造型效果干净整洁，化妆师可以根据设计造型效果来确定使用定型类产品。

⑥ 硕大是帽饰类配饰的特点，但当它以复古形式呈现时，则是体现女性优雅气质的最佳搭配方式。欧洲贵族女性都爱使用华丽的高檐小圆帽，以体现其整体造型的复古优雅气质。另外珍珠项链已经成为我们在造型设计过程中最常见的装饰元素，它是凸显名媛气质的一字领、抹胸类、深"V"类晚礼服装绝佳搭配饰物，加上发髻两侧相对规则的发卷式造型，可以为化妆对象打造出十足的优雅复古味风格。

小贴士

名媛风采关键词：礼帽＋网纱。

（3）造型要点三

① 为使化妆对象气色自然、肤质润透，可选用略带微珠光的橘色腮红。

② 选用唇釉对唇部进行处理，颜色上可选用复古的红色来体现其质感。

③ 发型上可使用中分低髻的方式，也可以中分之后向上做外翻发卷固定于耳后。

④ 将头发梳理到脑后区两侧扎成马尾，对两侧后发区头发做发髻造型处理并加以固定，并利用头饰对分区线进行遮盖修饰。

⑤ 可以采用丝巾作为复古元素对整体造型进行处理。丝巾化妆造型曾经引领一波复古优雅妆潮，丝巾所装扮出来的美感配合白皙粉透的皮肤质感，搭配一款色泽浓郁的烟熏效果眼妆、细长高挑的黑眉、流畅精致的眼线、绯红夸张的双颊，可以营造出一款典型的欧洲画报般复古妆容，搭配丝巾上的复古图案，最终轻松打造出化妆对象所需的女主角般复古优雅气息。

（4）造型要点四

① 使用膏状啫喱以湿推的手法推出波纹。

② 选用梳子时要选用平齿质感效果的，采用轻推手法处理波纹的时候注意每一个波纹的弧度及走

向的摆放。

③腮红色彩可以选用橙色和紫红两种颜色相结合，夸张浓郁，位置不能过于局限，大面积与眼妆效果进行衔接，注意色彩的过渡饱满柔和。

④用印花丝巾包头，或者用印花丝巾做出丝巾造型，但要露出化妆师精心打造的波纹部分造型效果；

⑤将所有头发都向后梳顺，做成"all back"效果，打造印花丝巾曾引领的复古摩登风潮。

⑥蝴蝶结帽子会让法式浪漫融入复古优雅的整体造型当中，另外选择一款色泽纯正的大红色唇膏对唇部进行处理，更能增添几分复古优雅的大气感。黑眼线、红唇似乎已经成为了最受欢迎的元素，纵观时尚圈内各类大型演出和走秀中女明星们的红毯造型，都离不开复古优雅风格路线，想要为化妆对象打造如明星般的复古优雅妆，抓住其重点即可轻松拥有。使用唇釉的效果打造唇部质感最为优雅迷人，作为化妆师一定要掌握好唇膏使用的范围，唇线的处理上稍有不慎就会成为整体妆容的瑕疵。

（5）造型要点五

①为化妆对象进行基本的妆面操作处理之后，还需要将其下眼睑的散粉处理服帖。

②可以用手指蘸取眼影进行晕染，因为指腹的温度可以融化眼影中的油质成分，使眼影更易上妆，还不易掉色。

③用膏状啫喱湿推出波纹之后结合使用发胶定型，处理好波纹的S形曲线。

④将头发全部向一侧后梳，下方用夹子固定住，然后整理鬓角处发丝曲线。

⑤将全部头发用啫喱梳理服帖，然后用梳子对碎发进行整理，使头发看起来不毛糙。

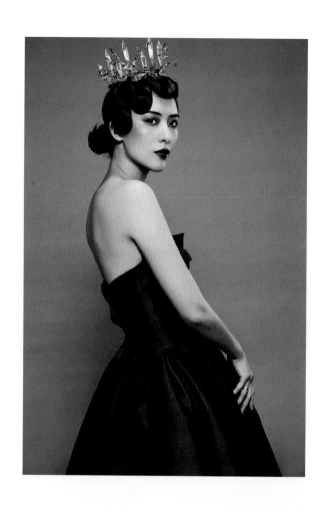

7.2 高贵典雅的晚礼化妆整体造型

化妆师根据化妆对象所适合的风格打造一款与其自身气质相符的晚礼化妆造型，不仅能够充分展示化妆对象骨子中与众不同的美丽、自信、高雅、浪漫和独立，而且还能呈现化妆对象在人不可觉察的瞬间，所具有的情趣和情调。

高贵典雅的气质既学不来，也无法掩饰，是一种由其自身纯天然的内涵而折射出的，适合高贵典雅的晚礼化妆造型对象具备一种独有的气质，随和而不随便，内敛而不内向，有修养，是个人魅力的基础。高贵典雅晚礼化妆造型主要通过化妆师专业的技巧手法，将化妆对象高贵、华丽的感觉予以展现。高贵典雅感觉的妆容造型，在晚礼服造型的系列妆容造型中，属于需要有很好气质的化妆对象才能驾驭，整体造型大气，服饰搭配华丽，适用于富丽堂皇的场合。化妆师要明白：高贵典雅不是胡乱地堆砌，在准备为化妆对象设计这种风格感觉的整体造型的时候，化妆师最好先对服饰和场合有充分的了解，合适的设计才会锦上添花。

高贵典雅可以说是一种风度，这样的化妆对象是自然的、个性的、简洁的，是调和的、知性的，还是宽容的，绝对不单指外在的美丽，是顺应生活的不同状况所反映出来的一种内心智慧。

7.2.1 妆容配比

高贵典雅的晚礼，在妆容的处理上用色偏色较重，不要刻意地使用亮丽色彩去彰显，能够体现化妆对象自然的情感表露即可。在所有晚礼服系列整体造型中，高贵典雅的晚礼服用色稍重一些，这主要跟这种风格所选择的服装色彩有很大的关系。高贵典雅的晚礼化妆造型很少采用浅、淡的色彩，大多数适合比较深邃、厚重的色彩。化妆师可以通过对化妆对象的眼影、眼线、睫毛相互结合来强调其眼部结构轮廓，体现眼妆深邃感，最终得以表达这种风格所要呈现的高贵感。一般眼妆的色彩可根据服饰的选择搭配有所调整，或整体统一，或色彩互补，或明暗变化，最终目的以能够完美呈现设计效果即可。化妆师还可以在进行眼妆处理时对化妆对象的上下睫毛进行多次反复的刷涂，另外粘贴假睫毛也是使眼神深邃的一个好方法，在此建议化妆师可以选用分段式局部粘贴假睫毛的方式。在眼妆的表现形式上，化妆师可以对化妆对象采用小烟熏、渐层、局部修饰、影欧、线欧等眼部处理表现手法。唇部可以用亮泽的唇膏、唇蜜进行处理，也可以用亚光唇膏描画立体的复古唇型，在唇色和腮红的整体色调协调统一的情况下，根据服饰的色彩酌情考虑色系及冷暖即可。

7.2.2　造型的感觉

高贵典雅的晚礼造型最适合的就是盘发造型。化妆师在对化妆对象进行盘发造型设计时，表现形式是多种多样的，可以是干净饱满的盘发、层次感强烈的卷发，也可以是纹理清晰的披发等，这些发式都可以用在表现高贵典雅的晚礼造型中。

7.2.3　饰品的选择

金属质感的饰品、色彩沉着稳重的绢花、别致新颖且设计感强的大型帽饰等都可以作为高贵典雅的晚礼化妆造型的饰物。化妆师不管选择哪种饰品，饰品一定要端庄大气，千万不能选择俏皮可爱之类的小饰物。

7.2.4　服装的款式与色彩

修身的鱼尾式、半拖尾式的服装最能体现化妆对象高贵典雅的整体造型感觉，如果化妆对象的年龄感不强，那么款式可以选择蓬蓬裙、公主泡泡袖之类等层次感觉多一些的服装。高贵典雅的晚礼服装色彩较深，在视觉上感觉色彩很沉重，所以服装面料多以仿丝、亮面绸缎为主。不管化妆对象选择哪种款式的服装，化妆师都要在服装款式的设计感和装饰物材质上呈现出一些富贵气质的元素，这样才能更好地进行这种整体造型感觉的打造。

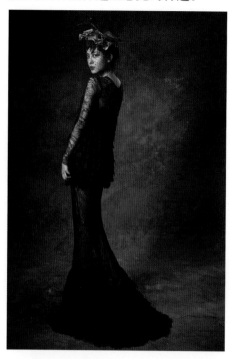

7.2.5　适宜的人群

　　适合高贵典雅风格定位的化妆对象从骨子里具备一种良好的气质和特质，这类人没有敏感和自卑，懂得欣赏他人的优点，理解他人的心理诉求，能容纳他人的缺点和不足，既懂得欣赏至善至美事物的同时，自身也坚持着至善至美，绝不随波逐流。在化妆对象符合以上气质和特质的前提下，如果五官立体、气质较好，就更加适合这种感觉的妆型，如果遇到年龄感看上去不强的化妆对象，不建议选择这种感觉的整体造型设计。

7.3　性感妩媚的晚礼化妆整体造型

　　这是一个审美标准特别多元化的时代，衡量一个人是否性感妩媚，与其高矮肥瘦并无直接关系，"性感妩媚"一词绝对属于两性之间审美判断和体验的范畴。性感妩媚的晚礼化妆造型更多地体现了女性妩媚妖娆的感觉，李渔说：女人有貌，更要有"态"。这个态指的就是仪态和风度，只有内在具备优雅的仪态和风度，方能呈现外形上的性感妩媚，真实缘于自信，才是最能打动人的性感，张扬性格中真实的自信，修炼芜杂的部分，正确坦然地进行自我展示，则是最性感妩媚的。

7.3.1 妆容配比

性感妩媚最主要的部分是妆容衬托下的神态，化妆师可以将这种感觉的晚礼妆容打造得更妩媚一些。化妆师在实际操作过程中可以通过拉长眼线，开内眼角的方式将整个眼型拉长；而眼影的处理主要放在修饰眼睛的后半段上，技法上采用欧影的眼妆处理技巧对眼部结构进行强调，使眼窝显得凹陷，眼神深邃而显得妩媚，这样的眼妆处理结合化妆对象对妆容的理解，通过其一定的展现，看上去就会显得愈发性感妩媚了；迷人深邃的眼妆处理搭配性感的亚光红唇，这种整体造型处理方式会使化妆对象的妩媚感更显强烈；金棕色、玫红色、深紫色、墨绿色等色彩感较为强烈的颜色都是处理这种风格常用的。

7.3.2 造型的感觉

为身着一款晚礼服的化妆对象进行化妆造型设计时，不一定只有盘发造型才能展现性感妩媚的感觉，选用一款浅色系明度高的低胸晚礼服，搭配一款中分的卷发发型，也一样可以释放性感妩媚的青春光彩。其实"性感妩媚"一定是一种在进行状态中的东西，是能"动"人的感觉，是突然抓住对方的神经让对方的内心感叹。如果设计的是一款中分的盘发发型，则可以尽显性感优雅的感觉，加上盘发发型当中恰当点缀搭配的一款双色相间钻饰发饰，与服装整体相结合的同时，尽显化妆对象的性感妩媚女人味。因为这种妆型主要在妆容上体现性感妩媚的感觉，所以对造型的主要要求是符合服装的感觉，化妆师可以选择的造型样式范围很广。

小贴士

① 露额头的无刘海式蓬松盘发发型，可以让锁骨和脖颈的线条更加优雅妩媚。

② 小露背的晚礼服加上一款盘发低髻，更妩媚也更动人。

③ 大卷发发型，一款属于性感、妩媚、复古并存的发型，配以丝绸材质晚礼服，会更有妩媚且神秘的质感。

④ 发量适中、发质较好的化妆对象可以选择直发自然披肩，会显得年轻而清爽；发量少、发质较差的化妆对象最好选择卷发或修饰类造型。

7.3.3　饰品的选择

最能体现女性性感妩媚的首饰，便是佩戴在脖颈间的项链。一款精致的项链能够瞬间提升女人的气质，让一个女子或性感妩媚，或娇俏动人，或个性时尚，而且项链的光泽更是能够将肌肤衬托得白皙透亮、妩媚动人；材质款式上选择蕾丝类、网眼款式、羽毛类饰品、纱质小礼帽、彩色相间搭配的钻类饰品等都可以对这种风格的妆型进行修饰。

7.3.4　服饰的款式与色彩

性感妩媚感觉的晚礼服对化妆对象的身材比例有一定要求，一般会选择腰部以上比较贴身的款式，如果为体型过胖或者过瘦的化妆对象选择这样的表现方式，最终呈现效果则适得其反。服装的款式多选择抹胸、深 V、包肩等感觉的晚礼款式，服饰的面料选择有光泽感的材质，服装上附着亮片或镂空状设计款式也比较适合这种感觉的妆型，色彩多用酒红色、玫红色、深紫色、宝蓝色、墨绿色或黑色等。

7.3.5　适宜的人群

性感妩媚的眼神是所有面部语言中牵一发而动全身的部分，所以化妆对象本身是否具备这种眼神是衡量其是否适合这种风格的关键。这种妆容的整体造型适合说话的时候声音轻柔，语速不紧不慢、个子高、头发长、身材丰满圆润、双腿修长匀称、比较有女人味的化妆对象，不适合脸部脂肪过多、线条圆润的人，也不适合面部棱角分明，五官过于突出的人。诱人的仪容、美好的仪态、恰当的服饰、在姿态中多一些妖娆和风情的动作，就是性感的极致了。

7.4 个性时尚的晚礼化妆整体造型

个性时尚晚礼化妆造型多用于各类秀场、时装发布、样片拍摄、有独特思维创意而且自身条件好的化妆对象等，需要化妆师具备审美、搭配服装、紧跟当下流行趋势的能力，以及对化妆行业理解力的格局与众不同，有其自己的独特创意风格。

《心理学大词典》中对"个性"一词的解释：个性，也可称人格，指一个人的整个精神面貌，即具有一定倾向性的心理特征的总和。可以这样说，个性时尚的风格不是模仿、从众，笔者认为个性时尚是个人或集体的内心需求，不论是精神方面的还是物质方面的，都会考虑自己需要什么，应该怎么样体现出自己的个性气质。当然，如果盲目追崇个性时尚的产物，只会让自己生活地有约束感，这样反而算不上是个性时尚的表现，综上所述"个性时尚"其实就是一个人的整体精神面貌展现。

7.4.1 妆容配比

个性时尚的创意彩妆造型蕴含着无限的智慧，很难用一些模式化的词对其加以形容。各大新品发布上，模特们色彩绚丽的眼妆配上火红美唇，让整个妆面的色彩和光影在想象中迸发激情，令参与发布会的观者视觉上所生成的唯美感与化妆对象的极限动感相结合，使人陷入无限的想象之中，渗透出不可思议的神秘感。又或是只单一突出化妆对象五官某一局部，如夸张流畅的眼线、粗黑高挑的眉毛、性感饱满的唇型，足以满足一切审美所需。水晶、亮钻、闪粉等系列装饰物都可以在处理个性时尚风格妆容时夺人眼球，化妆师无论怎么对妆容进行配比，将妆容体现得更加精致并具内涵才是最终目的。

7.4.2　造型的感觉

造型的感觉可以有很多种，有时候化妆师们可以突破固有思想，做出一些标新立异的造型。卷发、盘发、彩色假发、经过倒梳处理之后的头发等都可以用于造型，只要化妆师搭配地恰当合理，都能设计出个性时尚的造型。

7.4.3　饰品的选择

佩戴一件专业设计订制的、独一无二的时尚个性首饰制品，是最能充分体现独特品味和个人魅力的，因此时尚圈各大牌纷纷为明星推出系列时尚个性订制饰品。帽饰、钻饰项链、耳环、黑白羽毛等元素都可以选择，例如一件随性的宽松款式晚宴服装，搭配一袭流苏般的迷人卷发，再配上精致的串珠项链，在其条件娇好的身材线条下会显得更加风采迷人。特殊的职业和特殊的场合，佩戴与化妆对象身份气质相一致的，有个性、有品味的时尚首饰，也能充分展现出与所配珠宝配饰相同的情感文化与内涵，使化妆对象自身也形成一种标志化的身体语言。当然，选择一款飘逸风格和轻柔面料的服装，就不能用略显沉重感的项链去破坏其轻灵的感觉；另外，素色的服装应搭配自然质朴的小饰物，如绳编类、有小挂饰的项链等，不要和珠光宝气的项链相搭配。

7.4.4　服装的款式与色彩

竖条纹图案、简洁的小立领款式、亚麻材质都是个性时尚风格的构成元素。在服装款式方面其选择范围比较广，大部分给人以简洁、干脆利落的感觉，不会有太多烦琐的设计感和装饰物加以点缀；在色彩方面经常会选择灰色系或是绛色系，当然如果化妆师审美能力比较强，可以利用不同色系的深色和浅色进行搭配，只要整体效果得当也可以设计出个性时尚的感觉。直接选择使用黑、白、灰，不仅要考虑化妆对象是否能够接受，还要考虑其外形条件是否适合等诸多因素，这些问题在设计最初一定要做好沟通。

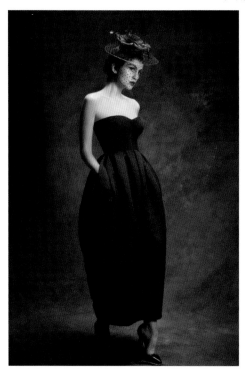 

7.4.5　适宜的人群

这种风格的造型适合审美情趣高，紧跟时尚潮流，自身思维方式颇具创意的文艺类青年，当然化妆师对其外形特点也要有一定考究：身材曲线分明、五官立体且有骨感美，或是身体某一部位有特点的人，化妆对象不一定要求各方面都长得很精致完美，只要有能体现某一独特个性的一面，而且在思想上敢于挑战新鲜事物，敢于尝试对自身形象来一场前所未有的颠覆。

8 其他常见化妆整体造型

8.1 男士化妆整体造型

现代时尚男士都懂得自身形象修饰的重要性：穿的干净得体是一个最基本的方面，保养肌肤、护理头发也是为了在人际交往中给人一种良好的精神面貌。增添信心，创造一些好的先决条件。生活中我们身边长得帅的男士都在为自己"面子"锦上添花，男士化妆其实不在于妆容浓淡与否，更重要的是注重男士对自身形象的管理和意识的提升。也许这样对男士化妆进行讲解还是显得有点抽象，我们还是回到化妆师的本职工作上来对"男士妆容"本身进行阐述。

生活中对第一印象影响最大的因素就是"面色"，你可以眼睛不大，鼻梁不挺，嘴唇不够性感，但一定不能面色蜡黄，面色不好的人轻则让对方感觉很颓废，重则让对方觉得很猥琐，如果说五官形状和比例化妆师不能改变，那么改变面色则相对简单得多，这个时候我们需要的就是底妆，因此化妆师在进行男士化妆时对其肤色的调节成为男士整体造型成功的重中之重。契合自身肤色是选择底妆的依据，深色底妆能修饰轮廓，使男士更"MAN"，自带硬汉气质，只有底妆到位，视觉上才能给人干净利落的气质形象，不管什么场合给对方的心理暗示就是非常可靠、干练。男士化妆除了"面色"，另一个稍加改动就能改变整个面部气质的位置就是眉毛，眉形的宽窄和眉毛的浓密影响一个男人的整体精气神，在这方面只需要化妆师做一点小小的改变就能使其从气质上得到极大的提升。例如，面部轮廓开阔、五官立体结构强的男士可以搭配较浓的宽眉；如果是瓜子脸、单眼皮或是内双，五官小巧而精致的秀气长相，则适合较为收敛的眉形。一般拥有一对好的眉型驾驭恰当的五官和脸型，不仅能使面部更立体，个人气质更突出，而且能将男士独有的个人魅力充分展现。

通过对以上人物特征的举例说明，一位男士无论是面色还是眉毛，只要合理地做出改变，都不会令其男性化特征变得阴柔，经过化妆师整体造型塑造之后更加凸显符合其自身的风格和定位，所以在化妆前化妆师还需要通过对男士的合理引导使其不受到性别的影响而排斥化妆。

男士化妆是对一名成功男性进行形象管理的一部分，一名优秀的成功男士是从其自身人生态度开始练就，当然还要明白的是，为男士选择使用化妆品一定要少而精，要选择合适的优质化妆品方能为化妆对象造型加分。

8.1.1 影楼男妆

影楼中在为一对新人进行婚纱照拍摄时，新郎往往作为衬托新娘的"道具"出现，绿叶的角色不用言表，一些传统的影楼对男士化妆整体造型往往不太会重视。随着近年来从小接受新奇外来事物的一代新人长大，逐渐成为这个市场上消费的生力军，新郎们越来越关注自身的化妆整体造型风格，不甘于充当结婚照拍摄过程中"绿叶"的角色，因此各大影楼、工作室纷纷推广各种风格样片，不惜在男士整体造型的搭配上大量投入重金购置昂贵而精致的各式化妆消耗品及配饰。另外男士写真市场日趋壮大，都在说明当代男士越来越注重自身形象。

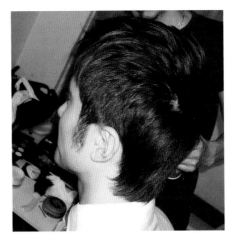

8.1.2 生活男妆

都市生活的节奏和压力所带来的一系列副作用严重影响着所有人的状态，各种压力导致年轻人肤色暗沉、过早松弛衰老、失去弹性光泽，日渐流失青春的资本，这时除了饮食上注重利用食品的抗氧化祛除黄气，恢复肌肤活力，还要更加注重对皮肤的保湿、防晒等日常呵护。在日常生活中，随着男士应付的场合越来越多，对自己外形要求越来越高，促使男士化妆品消费市场的群体越来越壮大，即使大多数人觉得男人化妆不能接受，但依旧抵不过越来越细腻的产品打造出的零妆感妆容魅力。事实上不论男女，人的肌体所含水分保有量非常重要，化妆师在对男性进行生活化妆时，一旦准确掌握好分寸及技巧的这个度，化妆完成后只会更加有效地凸显其男性魅力，足够保湿的水分能使皮肤通透水嫩，新陈代谢正常，合理使用防晒用品更是延缓男士衰老的首选。化妆师在进行生活男妆护理时，妆前一定要使用爽肤水、精华液、眼霜、乳液、防晒霜等质地清爽的产品，并且要建议其日常定期做面膜、眼膜等，然后选择品质好的粉底液淡淡地打底，待底妆定妆结束之后，适当地用与发色一致的染眉膏梳顺眉型，润唇膏护唇处理，有了这些步骤，一个完美的生活男妆就完美呈现了。

为男士进行粉底液的选择非常关键，另外对眼部的保养也是必须的，要让男士明白自身抗压程度与抗衰老的决心保持正比，人生才会更完美。

8.1.3　电影、电视等上镜妆容和舞台男妆

一名优秀的化妆师不仅需要打造各种精致女士妆容整体造型，还要能为男士打造出适合其气质的良好形象，因此在日常工作中化妆师一定不能忽视男士化妆的重要性。我们之所以要求化妆师要掌握电影、电视等上镜妆容和舞台男妆的化法技巧，是因为在经过整体造型效果处理之后，当强烈的现场灯光打在化妆对象脸上，大型荧屏上还能够清晰地显示化妆对象脸部的五官轮廓结构，这种男妆效果需要考虑的不是自然光或肉眼情况下是否好看的效果，而是要考虑拍摄场地和舞台表演的光线等诸多因素对男士妆容"吃妆"的影响。"浓眉大眼"是对这种类型男士妆容特点的形容，眉型化得不好会破坏整个妆容，男性眉毛大多比较浓密，处理眉毛时多采用"先补色再定型"的手法，让眉毛看起来均匀平整；另外选择与肤色相近的棕色系膏状粉底进行底妆处理，即使是干性皮肤的男士也不用担心，在大型聚光灯下底妆只会有出油的现象发生；如果遇到眼型较大却无眼神的男士，建议适当进行黑色眼线处理，不必像处理女性眼妆时那样为了拉长眼型而延长眼尾，只要以瞳孔标准往外适度强调一下眼神使之醒目即可。化妆师一定要记住一点，男士眼线处理只需要画上眼线，不要画下眼线，有了这些面部修饰，拥有自然、阳刚味十足妆容的男士，就可以信心满满走进荧屏、步入舞台中央了。

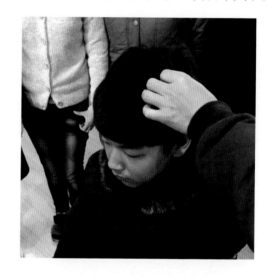

8.1.4　平面男妆

平面男妆主要用于平面广告拍摄，妆色整体效果比生活妆重，却比电视、电影、舞台男妆浅。化妆师在进行平面男妆化妆工作时，需要遮盖力比较强的粉底，因为在拍摄过程中灯光还是会产生"吃妆"的效果，男生的毛孔比较粗大，如果想提高面部立体感，不能选择含有珠光颗粒质感的粉底，而要选择亚光的高光粉底作为亮部高光提亮，用亚光的高光粉底对额头、鼻梁、下巴等位置进行提亮会更显男士面部五官俊逸的线条，当然除了"T"字部位，和女妆处理手法一样，在下眼睑下方的面部肌肤上涂一些亚光的高光粉底会使男士看起来更加俊美清秀。

平面男妆就是作为平面拍摄所化的男妆。我们要化平面男妆，首先要选择与化妆对象肤色吻合的粉底液来处理底妆，之后进行薄薄地定妆。可以描画窄窄的上眼线，让眼睛更有神，眼线可以用小眼影刷柔和开，加一点咖啡色亚光眼影。睫毛上的浮粉要处理得干净。用暗影粉修饰面部轮廓。唇色保持本身的唇色就好，可以适当涂润唇膏。

8.1.5　时尚男妆

当今社会各类社交活动广泛，在一些特殊场合，比如大型秀场、发布会、时尚拍摄、文艺演出、夜店等都有时尚男性的身影。为了与这些场合的灯光效果保持一致，这类男妆也会化得相对来说浓重一些，用膏状粉底厚厚地为面部做立体矫正处理，使鼻梁更高，面部更立体；对眉形处理时会处理成剑眉效果，用深灰色的眉笔对眉形进行补充修整，这样塑造的眉形所呈现的效果会比较硬朗，更具备男士特点。例如，身边很多男性朋友在这种场合尝试烟熏妆、"黑眼圈"等呈现的不同效果感受也逐渐成为一种潮流。作为化妆师，我们不能用亘古不变的思维和眼光去看待这个行业的发展。

1. 男发造型设计

化妆师在为男士进行发型设计时一定要找到适合化妆对象的发型，认清化妆对象整体特点，这些特点包括：发量与发质、发际线、脸型及面部特点。

（1）发际线

① 前侧发迹线：如果前侧发迹线较为明显，但距离眉毛边缘相对较远，另外上额头过宽，就可以使用刘海来进行修饰，这样会使化妆对象整个人看起来显得更加年轻，而且亲切感十足。如果前侧发迹线明显，额头不算太高，可以露出额头，设计一款干练精神的短发；如果前额发迹线太高，或者侧发迹线不清晰并且比较靠后，那么在化妆对象发量足够的情况下，建议留一点刘海，造型修饰效果会更好一些。

② 后颈发迹线与脖子长短粗细的关系：化妆师千万不要小看后颈发迹线的重要性。有的人虽然个子很高，但是看起来却不显高，其中有很大一部分原因是由于颈部粗细的视觉比例造成的。脖颈的线条会从视觉上将人身高拉长。如果化妆对象的脖子较粗，那么后颈处头发不宜留得过多过厚，造型上尽量处理短一点，可以从视觉上拉伸脖颈线条的长度；但是，如果化妆对象的脖颈纤细且长，我不建议将脖颈完全露出来，因为那样会显得男士整体过于单薄而缺乏阳刚之气。

（2）发量与发质

① 发量少、发质细软人群：要从视觉上想办法来增加顶区发量的厚度。如果化妆对象头发浓密，双侧发迹线清晰，建议将两侧和后脑造型处理得服帖一些，若想造型有一定设计感，尽量考虑从刘海入手。

② 发量厚重、发质粗硬人群：这种类型化妆对象的发量也多，发质粗硬人群还有一个明显的特

征，就是发际线分明。针对发质粗硬的男士，两侧与后脑需要处理得很短，以便给人干练、干净的感觉。

③ 发量厚重、发质细软人群：这种类型的化妆对象发质细软服帖，便于造型，但需要注意的是，造型处理上不能顶着满头过于蓬松的头发，会容易给人慵懒、潦倒、邋遢的感觉。针对这类人群，发挥其发质好造型的特点，尽量将发丝梳理整齐，如果化妆对象发迹线清晰，可以考虑短发造型设计。

（3）脸型及面部特点

① 两眼距离和眉毛浓密：两眼距离过近，会看起来比较凶，属于面部特征刚毅型，这类人群不建议留过长的头发，尽量设计短发效果为好。

② 脸型：脸型过于圆润饱满，可以考虑通过鬓角来修饰脸部，让脸看起来瘦一些。

小贴士

化妆师在男妆造型设计的大多数情况下，为其设计一款精神干练的短发是不会错的，但在处理过程中要注意，不能在整体效果上留太多"毛边"。化妆师要将男士的头发打造得清爽自然，纹理的层次分明。化妆师会使用电吹风、蓬松粉、发蜡、发胶、啫喱膏等工具和材料，先将头发用滚筒梳吹出基本造型，然后使用蓬松粉让发根更加立体，再用发蜡进行塑造打理出层次效果，如果想让造型有层次又保持得很久，可以适当使用发胶，最后用电烘机进行最终定型。

作为一名优秀的化妆师，无论化妆对象性别、年龄如何，都要用自己的专业知识和技能，站在一定的思想高度对其进行引导，化妆师在进行男士化妆整体造型过程中与化妆对象沟通时建议对方需要掌握的小贴士：

① 远离烟酒。所有人都知道抽烟酗酒有害身体，但实际上不少男士都将抽烟褒奖为时尚，酒量差就算不上是"纯爷们"，抽烟酗酒只会损伤自己的肺、脑、肝、胃等人体器官内脏。

② 养成早睡早起的好习惯。睡眠不足会造成男性肌肤失去鲜亮的光泽，也会使皮肤的细胞迅速老化，加速皮肤皱纹的形成。白天皮肤裸露在空气中，将体内的废物通过排出汗液的方式进行新陈代谢，夜晚则进行自身营养补充和修复，人体机能的这种工作在晚上11点至次日清晨5点最为旺盛。因此，早睡早起不仅能消除全身疲劳，也能使皮肤更健康，所以不论男女，每天晚间能补充一个好的"美容觉"不仅对保养皮肤有效果，而且对人体健康也非常关键。

③ 准备一套优质男性专用护肤品。护肤环节最重要的工作就是保持皮肤清洁，至少需要配备洗面奶、护肤水、膏霜类护肤品、剃须膏、须后水等。尽量选择效果温和、酒精含量少的洁面产品，这类护肤用品除了能清洁面部，还能给皮肤提供合适的养分。

④ 修整胡须是男士对生活的一种享受。胡须造型对于男士来说也是一个造型亮点，可以将脸洗净后用热毛巾敷面使皮肤的角质层软化再使用刀片湿式刮须，也可以使用专用剪刀进行胡型打造。胡须不管是刮还是留作造型，剃须后一定要涂须后水或须后乳，以对肌肤加以营养补充，使其恢复生机、充满男性健康活力。

⑤ 合理膳食。男性要多吃坚果和橙子、猕猴桃等抗氧化的绿色食品，多吃抗氧化食物可以增加皮肤结实感和弹性，尽量少食动物内脏，避免吃油腻及煎炸的食物，辛辣食物也要远离。

⑥ 保持乐观的笑容。在环境条件允许的情况下，引导化妆对象，去想一些平时遇到的最可笑的事

情，纵情大笑 1 ～ 2 分钟，每天坚持 3 ～ 4 次，不到一个月，就会感觉自己由内而外容光焕发，"人逢喜事精神爽"的古训不无道理。

⑦ 定期去男士美容院进行护理。而今男士美容已成气候，办张会员卡定期去男士专业美容院，请专业技师对皮肤进行专业护理，可加速面部血液循环，改善皮肤的状态，利用皮脂腺和汗腺的正常分泌除去附着污垢、增加皮肤营养，从而使皮肤光泽有弹性。

⑧ 适量进行运动。"饭后百步走，活到九十九"的古训不无道理，但切记任何运动要按照自身情况适量进行。运动能使血液畅通，精神焕发，适当流出的汗液也有助于清洁毛孔深处的污物。

另外化妆师还可以适当引导化妆对象掌握日常生活中的基础护肤步骤：

① 洗脸：清洁皮肤是重中之重，每个人每天起床都是从这步开始，选用男士专用的洁面产品，天然的洁面产品是首选。

② 保湿水：如果化妆对象脸上有痘，建议最好选择薰衣草天然水、芦荟水，因为薰衣草天然水可以有效去除痘印，而芦荟也具有消炎祛痘的功效；如果没有痘，也可以使用纯露效果产品。

③ 乳液：这步就不用过多解释，适当为化妆对象讲解各种品牌的功效，帮助化妆对象根据自身实际情况进行选择，保证产品含有防晒的隔离效果就可以了。

④ 面色调节：由于男性的肤质粗糙，日痘痕、晒伤斑、汗斑、雀斑等都会影响气色，所以男士化妆是为了"掩饰"和适度调节。为使化妆对象呈现自然、阳刚之气，化妆师在进行男士化妆时的技巧要比女士更讲究、更细致，与其原本自然状态相匹配。

最后化妆师再为化妆对象介绍一些男士化妆造型的基本技巧：

① 上妆：首先是选择合适的粉底，通常要选与自己肤色相近或稍深的，比较多人适合选棕色系，还要注意场合的需要。另外，干性皮肤的人最好选用粉底液，油性的皮肤就选用膏状或粉状粉底。擦粉底的手法多用敲和印，只需要非常薄的一层就好，别像女士那样"浓妆艳抹"，除此之外要了解自身脸型，脸圆的人上粉时要从脸颊往耳后扫，让脸看起来瘦一点；轮廓不分明的就要在下巴位置擦颜色较深的粉底，但一定要注意过渡衔接自然。

② 眉目："浓眉大眼"是男生的特点，男士的眉毛处理不好就会破坏整个妆容。男士深邃的眼睛最迷人，所以眼部修饰也是男士化妆的重头戏，原则是没有那么多烦琐类似女妆的眼部处理步骤，但却将眼睛凸显得炯炯有神。用咖啡色的眼线笔轻微勾画上眼睑根部就可起到"提神""明目"的作用；用睫毛刷理顺睫毛，可以适当使用少量睫毛膏对其定型；当然遮盖眼袋、黑眼圈也很重要，不过不要刻意遮盖，从视觉上弱化即可。

③ 唇部：嘴唇起皮、干裂就先涂一层润唇膏，男士不能画唇线，唇色不能有亮度。

④ 遮瑕：全部处理结束后用遮瑕膏巧妙掩盖日痘痕、晒伤斑、汗斑、雀斑；

⑤ 发型：使用电吹风、蓬松粉、发蜡、发胶、啫喱膏等工具和材料打理一款当下流行且最适合的发型，这样一个优雅帅气的男妆就大功告成了。

小贴士

由于男性毛孔较为粗大，化妆师在与男性化妆对象交流的时候，建议其日常进行自身清洁步骤为：洁面——沐浴——洗头，接下来再进行自身整体形象整理。

8.2 特色服饰化妆整体造型

8.2.1 旗袍化妆造型

说到东方文化，那就不得不提到旗袍。旗袍是中华民族的瑰宝，起于清末民初时期，是从旗服演化而成的一款服装，旗袍注重服装与人体结构的自然吻合，表现的是女性的体态美与身段美。旗袍的种类、款型、色彩很多，它本身代表的是女性的柔弱和纤细，同时又突出女性的柔韧与坚毅，旗袍设计结构简单明快，化妆造型优雅自然，身材曲线生动流畅，含蓄温婉地表现女性特点，所以说旗袍是最适合表现东方女性的神采与风韵的一款服饰。化妆师在为化妆对象进行旗袍化妆造型设计时可以尝试一下复古风格，旗袍代表着中国东方美，是中国最具代表的服装，也是很多新娘必穿的服装。化妆师在进行旗袍化妆造型时，应该全方位对发型进行处理。古典的发型和传统的旗袍是密不可分的，一般可以利用盘发、手推波纹、翻翘卷发等造型手法来体现古典美。

1. 旗袍的由来

古代北方民族善于骑射，古式袍服对他们来说并不方便，将袍服两边开叉正好符合他们的生活习惯，这是旗袍产生的最主要原因。随着时代的进一步发展，人们的物质生活和精神生活不断提高，旗袍作为中华民族的国粹服饰、东方女性的传统服饰，它已经满足不了现代人的审美需要，逐渐由保守型向开放型发展，比如露肩、露背等，在领口上也出现立领的高低变化，从立领又到翻领，甚至到无领；开叉的长短从不开叉到开叉，又从小腿到大腿的开叉，逐步突破服饰的自我发展。在不断继承传统，吸收外来文化的基础上进行发展演变，让后人了解不同时代的服饰文化及审美情趣，它就像一种语言，向人们诉说着自己的过去、现在和未来，担负着重要的历史使命。

2. 人体与服装的关系、面料工艺处理

"S"形的人体身形被视为女性玲珑娇小的美好体形，但东方女性的骨骼系统特点是肩窄、胸廓小、盆骨宽，因此决定女性体型为正梯形，但在生理学上讲，女性的体型被称为"斜蛋形"节律平衡，这种体型特征，使女体以腰部为连接点，从胸至腰，腰至臀形成了优美的"S"曲线，从而影响旗袍的造型结构。因为人体的上半身和下半身的倾斜线正好是两个相反的方向，因而将两者连接在一起的腰围线的选择就显得尤为重要，旗袍是一种十分合体的紧身款式，通常有顺畅的开叉，纤巧的合身曲线度及上下完整的整体造型效果，因此选择与人体重心线垂直的水平方向作为腰围线显得更为重要，旗袍的优美在于其贴身造型衬托出东方女性的韵味。面料特质与细节特征之间的互相配合以及开叉处的若隐若现，使这一切得以实现的关键除了腰围线之外，侧缝线的选择也是至关重要的环节。

旗袍所使用面料选择极为广泛：高档丝绸、尼龙可以做礼服旗袍、舞台演出旗袍；价廉面料可做便装旗袍。做旗袍的面料要依据用途选用，平时穿的旗袍，只要根据年龄、肤色、体形等不同的特点去选择不同颜色的面料，就能得到舒适、美观、匀称协调、稳重大方的效果。年轻人选择颜色鲜艳，性感妖娆的花色面料：印花、色织、提花、条格、花点、几何图形，民族图腾等；老年人应选择素色和深色面料，也可以带暗小花点、条等，总之着装应显得稳重；肤色白的人应穿浅色面料，显得干净文雅；肤色黑的人应穿深色面料，就不显得太黑。在为体型偏胖的化妆对象选用旗袍面料时要特别注意颜色，明度低的颜色有收缩感和后退感，所以要利用色彩给人的眼睛错觉，用黑色或深色的有收缩感的面料减少偏胖的感觉，另外选择竖条的花纹、粗条或大花的面料也能使偏胖体形的化妆对象显得苗条；明度高的面料有扩张感和前倾感，在为体型偏瘦的化妆对象选用旗袍面料时要选用色彩浅的横条花纹、细条或小花面料，这种面料能使体型偏瘦的人显得丰腴有精神。

3. 旗袍与现代服装的融合

当代女性服饰款式种类繁多，但旗袍化妆造型可以说是中国女性的最爱。旗袍，这种传统的民族服装，它的特点是裁剪合体，穿着方便简单。时下流行的旗袍款式，设计以简洁高雅为前提，既能体现女性的感性又能展现个性，给人一种气质成熟，处世干练，风度高雅的女性魅力印象，利用服装的裁剪和色彩变化，使女性丰满圆润的身材显现出来。表现女性的外在神采和内心世界，将当代女性展示地更加洒脱成熟，俏丽动人。服装设计师们找到了旗袍与各式服装的切合点，在不失它在某种场合中需要的前提下，保留旗袍的精华部分，不改变旗袍基本款式的情况下，设计出各式女性职业的服装，广泛满足了当代女性着装的需要。

4. 旗袍的未来和发展

中国人热爱自己的民族，热爱自己的服装。如今全球服装向同一处走来，而旗袍仍然以强大的生命力存在着，流动着。不断得到时代精神的同化，不断得到新的改良，不断适应时代要求，勇于改革创新。中国的旗袍，她存在的意义，已经不仅仅是一种"服饰"，而是一种象征、一种标志、一种符号、一种骄傲。中国人民拥有它，世界人民熟悉它，它同欧式宫廷服装、韩服、和服等服饰一样，代表的是一个民族的历史和文化发展，有过人类进步同有的辉煌历史，也同拥有美好的未来。信息时代、电子时代的到来，它将与新时代同呼吸、共命运将以崭新的面貌融入到时刻发展的社会，融入人类享有的良性时装之中，我们相信，在21世纪，中国旗袍必将会以更艳丽的姿态，挺拔屹立在服装论坛的顶峰。

5. 旗袍化妆造型的分类及设计特点

（1）优雅婉约型

简洁而不失柔美的偏分饱满刘海，后发区右侧的卷发髻搭配淡蓝色钻饰发饰，配以精致细腻的妆容，突显女人温婉动人的一面。

适合对象：适合脸型较小偏长且面部线条柔和，发际线适中或偏高的化妆对象。

妆容提要：妆容色调温和，选用绛色系眼影更显化妆对象的温柔甜美，配以纤长的睫毛、精致的眼线可以突出眼部的轮廓与神采。

服饰提要：适合搭配颜色柔和、淡雅的中领旗袍。

（2）清秀素净型

整体造型采用流畅的弧形线条，以体现女性化的至柔，旗袍的色调与饰品完美搭配，得以营造出一种淡雅含蓄的感觉。

适合对象：适合脸型娇小、五官清秀的化妆对象。

妆容提要：妆容以清新自然为主，选择淡粉色系修饰双颊、粉色系或裸色的唇彩，可以使整体妆面显得更加通透。

服饰提要：适合搭配粉色系碎花图案的短款旗袍。

（3）性感典雅型

采用干净流畅的精致中分外翻刘海，配以华丽修身、材质闪亮的旗袍，既饱含流行的因素，又显成熟性感的女性韵味。

适合对象：适合身材性感，形象气质好的化妆对象。

妆容提要：可选用带珠光成分的金棕色眼影，再用深咖啡色眼影在下眼睑外眼角三分之一处适当向外晕染，搭配与金色旗袍色系一致的橙金色唇彩，古典又不失时尚。

服饰提要：适合配搭款式时尚，带有珠片的旗袍来提升整体造型的时尚感。

（4）端庄高贵型

后发区的头发整体盘起，整体造型的外轮廓呈"U"形向上，盘发至头顶黄金点下方，配合刘海区精致的"S"形手推波纹线条，整体造型简洁干净、大气端庄，塑造出女性高贵女皇般的气势。

适合对象：适合成熟稳重，形象气质好的化妆对象。

妆容提要：底妆塑造的精致立体，眉型采用高挑设计，眼尾略微上扬的眼线处理，呈现出自信而高贵的新娘。

服饰提要：可选择立领和中高领的旗袍。

（5）雍容华贵型

卷曲蓬松的发髻搭配松动流畅的手摆波纹刘海效果，展现出发型整体轮廓的完美线条感，配合立体的眼妆和艳丽红唇，凸显复古大家闺秀的美。

适合对象：适合身材高挑、丰韵，有气质的化妆对象。

妆容提要：底妆处理略微白皙，色度较为浓重的眉、复古的眼线、性感饱满的唇型，整体妆容衬托出化妆对象的华贵气质。

服饰提要：适合搭配缎料和绒面质感，色调明亮华丽的旗袍。

6. 不同特点的人所适合的旗袍

在选择旗袍的时候，我们可以根据自身的身材选择适合自己的旗袍。脖颈较短的人选择无领或者鸡心领的旗袍，可以起到在视觉上拉长脖颈的效果；脖颈较长的人选择高领旗袍，可以让脖颈看起来没那么长，并且提升气质；脖颈较粗的人选择连袖或者半袖的旗袍可以很好地修饰胳膊。腿粗的人选择长款旗袍可以很好地掩饰大腿的缺陷。

7. 旗袍的色彩

旗袍的色彩种类很多，不同的色彩能带给人不一样的心理感受。我们要根据想要表达的感觉以及个人特点选择色彩。红色代表着喜庆，适合作为新娘的结婚喜服，红色绸缎面料上常用金线刺绣点缀；蓝色给人的感觉是优雅端庄，适合知性的柔美感，一般会做彩线和钉珠的刺绣；粉色给人的感觉是可爱甜美，适合表现年轻的、小家碧玉的感觉，粉色短款旗袍出现的比较多；金、银色旗袍有华丽富贵的感觉，能表现一定的身份，一般比较适合年龄略大的人穿着；黑、白、灰色旗袍比较肃穆，穿着的场合比较少，一般出现在庄严肃穆的正式场合，但是现今也有人在生活中穿着改良的黑色旗袍，不仅体现其气质，而且具有时尚感。

8. 旗袍的妆容

在旗袍妆容的处理上，我们要体现一些"柔媚"的感觉，主要通过眼线、眉形加以表现。在处理唇形的时候，唇形可以处理得薄一些。当然并不是所有妆容都要遵循这一规律，在穿着浅淡色彩，比如粉色、淡蓝色的旗袍的时候，我们可以将妆容处理得自然柔和些，主要通过造型体现旗袍的古典美。旗袍的眼妆可以采用平涂法、渐层法，想表现艳状的结构感，我们可以用欧式化妆法来处理艳装，一般在搭配颜色比较深、比较典雅的旗袍时使用。

9. 旗袍的造型

旗袍的造型一般以盘发为主，可以表现古典的美感。刘海区域采用波纹式的表现形式最能体现妩媚感，也采用头发梳起并在后发区位置佩戴罗马卷假发的形式，只是与盘法相比，表现力比较弱。造型可以是复杂的连环卷、层次卷，也可以是光滑的包发，包发比较大气，打卷的手法显得柔美。饰品有插珠、发插、绢花等。在表现穿着旗袍可爱甜美的女孩形象的时候，旗袍也搭配齐耳短发、梳辫子的发型，只是这种表现形式只适合颜色浅淡、表现年轻感的旗袍。

手推波纹和手摆波纹是旗袍刘海处理的经典方法。它们的区别是，手推波纹立体地制造刘海的曲线美，而手摆波纹在相对平面的空间制造刘海的曲线美感。

10. 特色服饰化妆整体造型示范一

① 为确保造型完成效果发丝线条流畅，先用吹风和卷筒梳将模特全部头发进行吹顺处理；

② 以两侧耳后连线为准将全部头发分为前后两个区，并将前区头发中分固定待下一步处理，然后将后区头发分成上下两个区，分别对其扎紧进行马尾处理；

③ 对后区上下两个发辫进行三股辫编发，两个三股辫的完成效果要从马尾根部一直编至发梢，以确保发辫的长度足够完成造型的摆放和形成饱满的低髻造型，操作过程中注意发辫表面干净无杂乱头发；

④ 先对下面的三股辫在颈部发际线位置进行固定，低髻处理，然后根据上面一根编好的三股辫造型长度以最完美的造型摆放于发髻上方，确保发辫造型复古、干净漂亮；

⑤ 将左、右前区中分处理之后的头发梳理光滑，左右两侧均自发片中段采用拧集的手法沿上耳轮

向后做拧集处理,固定于低髻处,然后根据化妆对象脸型特征,用尖尾梳设计刘海形状走向以修饰额头,操作过程中注意左右鬓角的复古处理;

⑥ 将左右两边经拧集处理头发的发尾部绕低髻根部几圈,固定于发髻的根部;

⑦ 模特的前区头发进行中分处理之后的发尾部分与低髻的融合效果后视效果如图;

⑧ 为了更好地与上方的发辫造型衔接,选用一个长度适中的假发辫添加在低髻部分造型,使其饱满,并另外选取一根长度适中的发辫在前区中分造型上进行前区整体造型修饰;

⑨ 选择一款造型精致、大小适中的饰品固定于低髻上方的发辫造型处,完成佩戴饰品后视效果图如图所示;

⑩ 同时在经中分处理之后的刘海处选择同款饰品在左右对称位置固定,进行整体造型装饰,饰品固定位置最好在假发辫和刘海衔接处;

⑪ 调整面部妆容,调节整体造型层次,完成造型设计;

⑫ 进入摄影棚进行 360° 拍摄;

⑬ 完成妆面造型效果图。

11. 特色服饰化妆整体造型示范二

① 用吹风机和卷筒梳将模特全部头发处理顺滑，然后用尖尾梳将模特头发梳顺，在两侧耳后连线，将头发分为前后两个区，注意分区线条要直，接着将前区头发进行中分处理，后区头发进行低马尾处理；

② 将后区马尾进行三股辫编发处理，发辫要从马尾根部一直编至发梢，以确保发辫的长度足够形成饱满的发髻，操作过程中注意确保发辫表面光滑；

③ 将编好的三股辫在颈间进行低髻处理，接着将前区进行中分处理之后的头发梳顺，在眼角到黄金点连线的耳朵上方位置扎紧形成马尾效果；

④ 右侧区头发采用与左边相同处理方式，在操作过程中注意整体造型效果左右的对称性，前区完成效果如图所示；

⑤ 选择造型精致、大小适中的饰品对造型后区发髻进行点缀修饰，操作过程中注意饰品佩戴位置的协调统一；

⑥ 根据造型设计的整体效果在前区和侧区位置处佩戴同款饰品进行点缀修饰；

⑦ 调整面部妆容，调节整体造型层次，完成造型设计；

⑧ 进入摄影棚进行 360° 拍摄；

⑨ 完成妆面造型效果图。

12. 特色服饰化妆整体造型示范三

① 对头发进行分区，以头部黄金点为中心用尖尾梳以弧线圈的形状将顶区头发分出来，梳顺扎紧成高马尾自然垂下，用尖尾梳将模特前区、侧区、后区余下头发梳顺，为确保后期造型的发丝干净流畅，可以用吹风结合卷筒梳将垂发进行处理，以保证发丝顺滑；

② 将顶区头发进行拧集处理，并将发束绕马尾根部进行固定，因为下一步骤中会在黄金点位置固定一个大小适中的假发包以确保造型完成效果高大饱满，因此固定的发束不宜太紧，能形成可以用发卡固定假发包的基垫即可；

③ 取一个大小适中的假发包，将其固定在头部黄金点位置，并根据最终造型效果进行位置及大小调整；

④ 将前区、右侧区头发用中号卷棒进行烫卷处理，并从发根部位用鸭嘴夹对其进行固定，以保证发丝纹理效果流畅；（可酌情喷少量发胶定型）

⑤ 采用相同手法对左侧区头发进行处理，操作过程中注意将部分杂乱的发丝用尖尾梳沿卷发方向处理干净；

⑥ 待卷棒处理的侧区头发温度恢复正常后，取下鸭嘴夹，用尖尾梳对其根部进行倒梳处理，将发片表面处理光滑之后梳向黄金点假发包位置并固定，刘海区头发根部倒梳之后向斜上方盘起，确保刘海根部的线条弧度饱满，刘海发尾部分的头发藏于顶区发髻根部衔接处；

⑦ 为确保后区造型效果饱满，对后区垂下头发根部进行倒梳处理，并用尖尾梳将表面梳理光滑并向上盘起，最后使用发胶将盘发表面处理光滑；

⑧ 佩戴饰品，根据整体造型效果所需对面部妆容进行装饰性调整，调节整体造型层次，完成造型设计，进入摄影棚进行360°拍摄；

⑨ 完成妆面造型效果图。

8.2.2 格格服化妆造型

现在各大卫视黄金时段节目中经常出现清宫剧，"格格""阿哥"等剧中人物满天飞。"格格"这一称谓是满族和清朝对女性的一种称谓，原为满语的译音，译成汉语就是小姐、姐姐的意思，大多是清朝贵胄人家女儿的称谓，一直沿用到清末民初才渐渐终止。当代文化受流行的一些清宫剧影响，"格格"一词就更成为皇亲国戚之女的代名词，实际上我们在影视剧中看到的格格服化妆造型，多是以现代审美为标准，在保留了一定历史原貌的基础上对其加以了改变，根据其不同的阶级地位，在服装的色彩、服饰的款式，以及所佩带饰物的规格大小上进行区别并加以区分，可以这样说：现在我们在媒介上看到的格格形象并没有完全尊崇历史原型，所有格格服化妆造型都是与当代文化和审美相碰撞之后形成的一种服饰文化。

格格服化妆造型的总体妆容特点：略施粉黛，保持整体妆容效果淡雅自然、不浓不艳。眉毛形式较为单一，不如唐代的眉形变化丰富，处理纤细高挑即可；白皙的皮肤搭配细挑的眉毛，可以传神地表现出清代女子惹人怜惜的娇柔之美，不建议使用偏粉色的粉底，底色白皙自然通透，用清透散粉定妆，定妆粉选用亚光质感；眼妆根据服装的色彩进行眼妆色彩的选择，色彩应淡雅柔和，选择与服装主色调的同色系且略淡的颜色作为眼影的色彩，不宜将眼影涂抹得过于艳丽，眼线不宜处理的过宽，这样眼神会更加清澈，眼影眼线之间衔接细腻自然，以体现出妆容的古典美感；腮红多选用柔和淡雅的粉色系，如淡淡的桃红色，打在颧骨下方，既能体现柔美感，还能提升皮肤的细腻感，使面部轮廓显得更加立体；唇型要小而薄，对唇型的修饰不容忽视，一定要精致，切忌出现与整体塑造的形象不符的性感大红唇。如果进行婚纱套系的格格服拍摄，使用服装通常是暖色，可以选择处理成红唇；如果是冷色系格格服，可以选择淡淡的金色、橘色光泽的唇彩进行唇部修饰。

1. 清代典型发式和饰品

清代女子的传统发式称为"旗头"，又称"如意头""两把买"。当时无论是在皇宫还是民间，这种发式都非常盛行。"旗头"发式结构整体呈"T+W"字形，脑后梳一个类似燕子尾巴的发髻，称为"燕尾"。位于头部后区的燕尾，可以直接用假发，也可以利用真发梳理成型。"燕尾"是清代发型的一个显著标志，清代发式的刘海分区手法多变。在处理刘海时，要干净、利落，无散发和碎发。格格头顶的装饰物名为"朝冠"：一种朝冠是布面形式，上边装饰花卉、朱雀、珍珠、丝绸等饰物，体积比较大，样式显得庄重富贵；另外一种是经常出现在清宫剧中较为流行的假发形式的朝冠成品，上面装饰有花卉、珠宝、簪花、刺绣等饰物，使人显得温婉亲和。

小贴士

"旗头"的梳理方法：梳"旗头"时，先在头部顶区黄金点位置扎一个马尾，用于固定假发或变换造型下发卡时作为基垫，再把顶区的头发暂时固定后将两侧区的头发呈 45°夹角向斜后上方梳向马尾处固定，将真发打造成"燕尾"造型或者直接戴"燕尾"成品造型假发，最后在头部扎马尾的地方固定 1～2 个较长的发排。

"燕尾"造型的具体梳理步骤如下：

①将头发分区，在发顶区扎马尾，为固定"燕尾"提供附着点；

②将马尾放平、固定好，不要梳得太偏或太高。

③在马尾下方分区，为戴"燕尾"做基础；

④将"燕尾"假发固定在马尾上面，将后发区两侧头发分别进行倒梳处理；

⑤ 把一侧的头发外表梳光滑，向上方包起；

⑥ 再把另一侧的头发梳光滑，将右侧的头发包起；

⑦ 马尾梳理完成，确认马尾位于脑后中间线上。

⑧ 固定住发排的中间位置，根据造型所需头发的长度将两侧的头发进行发辫或拧集处理，根据化妆对象的脸型轮廓特点，取前区头发向下处理成弧线刘海，柔化面部轮廓。对造型进行处理时保持左右发量均等、整齐、对称，并做好真假发自然衔接。

2. 饰品的种类和注意事项

① 银饰件：是一种由金银、玉石、流苏组成的佩挂在胸前的吉祥饰物。

② 朝珠：108 颗主珠，不含隔珠。

③ 领巾：系在脖子上的丝巾，以白色为常用色，结婚时佩戴红色。

④ 护指：以金银材质制成，保护指甲，防止断裂。值得注意的是，只有清代女子在小拇指或无名指上佩戴护指，在其他朝代并无先例。

⑤ 手镯：玉质材质、质感好。

⑥ 花盆鞋：鞋底的中部有一块茶碗状的木头，有刻花或镶有宝石，鞋的前后两头悬空。

⑦ 珠花：是将珍珠、玛瑙、珊瑚、翡翠等用金丝串连在一起的头饰。

"梳头容易插花难"，选择头饰时应注意以下几点：避免在头部插戴过多的饰品，以免无法看清头发纹理和发丝的走向；头饰不要花哨杂乱，选择一款清代标志性饰物即可；根据服装的色彩选择恰当色彩的饰品搭配；银饰是清代最为普及和流行的造型用品；除了"大拉翅帽"上的绢花较大外，其余的装饰花可小巧精致；重视头饰的实用性也是清代人的特点，可以挖耳的发簪、可以当小工具的银饰挂件等也常被当作头饰；无论是确定造型还是插花，都要根据化妆对象的自身条件多设计几款，以便找到最符合其要求的造型。

8.2.3 唐代宫廷化妆造型

盛唐服饰高贵华丽、色彩浓艳，唐代南北统一、疆域广阔、经济发达、对外交流频繁，丝绸之花异彩绽放，唐代首都长安是整个东方的经济文化交流中心，这些因素促成了唐代服饰成为中国服装史上的一大奇迹，也是中国服装史上最辉煌的一页，而女子的各式妆容又为唐代女子服饰增添了惊叹之笔。唐代宫廷服装在现代各领域的应用相当广泛，影视剧表演、影楼拍摄，以及秀场、发布会等场合都会出现唐代宫廷服装的身影，化妆师在进行化妆造型设计时需要借鉴一定的历史资料，再结合现代人的审美对化妆对象进行新的文化元素渗入。

唐代女子化妆"七步走"，有以下七个步骤：一敷铅粉，二抹胭脂，三涂鹅黄，四画黛眉，五点口脂，六描面靥，七贴花钿。在唐玄宗时期，女子的眉毛可谓"多姿多彩"，如鸳鸯眉、小山眉、五眉、三峰眉、垂珠眉、月眉、分梢眉、涵烟眉、拂烟眉、倒晕眉等。面靥，也称"妆靥"，是施于面颊酒窝处的一种妆饰，通常用胭脂点染，最初的面靥形状像黄豆般的两颗圆点，如同脸上长的痣。盛唐以后，面靥的式样更加丰富：有的形如钱币，有的状如杏桃。花钿的颜色包括红、绿、黄，其中红色最多，剪花钿的材料有金箔、鱼鳞片、鱼鳃骨、云母片等。形状包括梅花状、菱形、月牙形等，剪成后的花钿用鱼鳔胶等粘贴，"花钿"是我国妇女在面部加放装饰的化妆法，晚唐时，达到流行高峰。除了面饰，头饰也是唐代女子妆容的重要部分。唐代女子的发式分为髻、鬟、鬓三种。

1. 花钿

关于"花钿"的"钿",被解释为用金属片或其他材料做成的装饰物。花钿是用于唐代女子眉目之间的装饰物,后来迅速流行、变化,最后发展为贴法上复杂化,覆盖全脸。"花钿"确切地说是用金、银片做成的花形,贴在额头或鬓角上的装饰。但也有用金箔片、螺钿壳、鱼腮骨、黑光纸以及云母片等制成各种形状,粘贴于额上。这种在脸部额间贴上花钿进行装饰和点缀的方法,在唐朝十分盛行,尤其是晚唐,并且有多种效果。花钿是唐代面部装饰的一大特点,其形状各异,十分简洁概括。从敦煌壁画上,我们可以发现中唐之后供养人的面像上均饰以梅花妆,有圆点和四瓣、五瓣的花瓣形,从新疆出土的唐画中,也有十余种十分好看的梅花钿。另外还有一种靥钿,又称"贴花子",靥钿是在脸颊上点画出如星如月的形状,然后用胭脂、丹青涂抹。

2. 唐女眉饰

唐女画眉千奇百态。当时妇女修眉,除剃掉原来的淡眉外,还要刮净额毛,用青黑色颜料将眉毛画浓,叫做"黛眉","黛眉"是汉代以"黛"画眉风气的延续。唐玄宗曾命令画工设计数十种眉形,以示提倡,例如,鸳鸯眉、小山眉、五岳眉、三峰眉、涵烟眉、拂烟眉、倒晕眉、挂叶眉、黑烟眉、半额眉等,最常见的是蝴蝶眉。

3. 发式

隋唐盛世,人们不断追求美的各种形式,在妇女的装束中反映明显,发式的名目种类繁多:半翻髻、反绾髻、乐游髻、回鹘髻、愁来髻、抛家髻、倭堕髻、乌蛮髻、长乐髻、高髻、义髻、飞髻、锥髻、囚髻、闲扫汝髻、双环望仙髻及各种垂鬟等。唐代妇女的发型崇尚高大,妇女收集自己或别人剪下的头发添加在发饰中,或者做成各种假髻佩戴。

4. 斜红

斜红是妇女面颊上的一种妆饰。从唐代墓葬里出土的女俑,脸部常绘有两道红色的月牙形妆饰,这种妆饰色泽浓艳,形象古怪,有的还被故意描绘成残破状,远远看去,宛如白净的脸上平添了两道伤疤,这种妆饰称为斜红。

5. 面靥

除斜红之外,唐代还流行一种面部妆饰"面靥"。"面靥"与"斜红"不同,它是施于面颊酒窝处的一种妆饰,也称"妆靥"。"面靥"通常以胭脂点染,也有用金箔、翠羽等物粘贴而成。在盛唐以前,妇女"面靥"一般多成黄豆大小的圆点;盛唐以后,有的形如钱币,被称为"钱点";有的如杏核,被称为"杏靥"。也有饰以各种花卉的,俗谓"花靥"。晚唐五代以后,妇女"面靥"妆饰之风愈益繁缛,除了施以圆点、花卉之外,还增加了鸟兽图形,有的甚至还将这种花纹贴得满脸皆是。

6. 点唇

在古代妇女的面部妆饰中,还有"点唇"的习俗。所谓的"点唇",就是以"唇脂"一类的化妆品涂抹在嘴唇上。我国最早出现的点唇材料,叫"唇脂",它的主要原料是"丹"。"丹"是一种红色矿物,也叫"朱砂",用它调和动物脂膏制成的"唇脂",具有鲜明强烈的色彩光泽。随着社会风气的变迁和审美观念的演变,唐代妇女的"点唇"形式也出现多样的造型。如石榴桥、大红春、小红春、半边娇、万金红、露珠儿、内家圆、天宫巧、淡红心等,也有以形状大小或妆容姿色取名,如嫩吴香、圣檀儿、洛儿殷等,这里的"唇脂"就是后来的胭脂锭。

7. 其他

除以上阐述外,唐代还有其他化妆材料及修饰手法。例如,"粉脂"是胭脂和素粉的合称,这是当时妇女们离不开的化妆品。由于唐装造型很多都是袒露肌肤，因此要求除面部敷粉以外，胸、臂等裸露的身体部位也要求敷粉。现在可以看到的形象资料是出土的陶俑和壁画仕女图，上面有半圆形和圆形的红粉化妆痕迹。"额黄"是以黄粉涂抹额头。"鸦黄"是以黄粉涂抹双眉中间，又称"眉黄"。"靥颊涂黄"是在面颊涂抹大面积的黄色，当时取名"拂妆"。

在封建社会，广大妇女一直深受礼教的约束，笑不露齿、站不倚门、行不露面，被奉为妇女必须恪守的信条。唐代妇女摆脱这种羁绊，大胆尝试，从而带来唐代服饰崭新多彩的面貌，这又是一次人之本性——表现个体存在与封建礼教的抗争。它也只有在唐代这个以开放安民为策、兼用礼教的时期才能一突而起。它是在开化的社会意识、繁荣的经济条件、人体的自我表现三者兼备的基础上开出的鲜花。女穿男装、女穿胡服，这当中体现了大唐的青春、自由、欢乐的风貌。唐代女子的服饰精神归功于盛唐的统一、协调、广阔、开放、活跃、昌盛、发达、文明。

8.2.4 韩服化妆造型

现在的准新人偏爱韩式文化，不管是服装，还是妆容造型摄影都喜欢借鉴韩服风格。真正的韩服受汉服和蒙古服饰的影响，从古代演变到现代的传统服装。韩服的线条兼具曲线与直线的美，女士韩服的短上衣和长裙上薄下厚，端庄贤雅。一袭韩服透露着东方伦理和超世俗之美的完美结合。由于韩服穿着不便，除了在正式的场合和一些古老乡村外，现在已很少韩国人会在日常生活中穿着韩服。大部分国民已习惯穿着洋装西服，但是在春节、秋夕等节庆日，或行婚礼时，仍有许多人喜爱穿传统的民族服装。近年亦有人制造改良韩服（又称生活韩服）作为日常生活穿着之用。

1. 韩服的特点

根据不同季节、不同身份，其着装的穿法、布料、色彩不同。韩服是能按服装的颜色和衣料演绎出各种感觉的衣服。一般来说，上衣用亮色、下衣用暗色最为古典。韩服的特色是设计简单、颜色艳丽和无口袋。在韩国通常认为韩服拥有三大美，即袖的曲线、白色的半襟以及裙子的形状。韩服还可掩饰体形上的不足，使体形较矮的人看上去较高，较瘦的人看上去则较丰满，增添女性之美。韩服的特征是色彩、纹路、装饰等很随意。使用两种以上颜色，超越单纯色彩的范围，受阴阳五行思想影响。花纹、衣边装饰也增添了韩服的美。

2. 韩服的文化内涵

韩国的传统服饰美还体现在色彩的感觉和象征性上，即服饰的色彩所表现出来的并不仅仅是这个民族对颜色的简单喜爱，更重要的是其丰富的象征意义上。

例如，给孩子穿上充满生机的七彩宏缎和绿色系列的服装，以祈祷健康成长；年轻人穿上红色或者蓝色服装象征年轻的、热情的和避灾驱邪的愿望；老年人则穿上充满土地气息的黄色系列或者充满黄金气息的白色系列服装来祈祷老人们健康长寿。

可见，从文化的角度讲，服饰是这个民族在文化上的一种外在形式，是其物质文化在心灵和行为上的一种表现。自古以来，人们把衣着的风格视为一个民族的形象标志，或者该民族共同遵循的规范，它凝聚着民族的生存发展史、观念意识、信念情感。

3. 韩服的组成

韩服可以根据身份、功能、性别、年龄、用途、材料进行分类。在现代观点中，从韩服的用途上进行区分最有代表性，可分为生活韩服、宫中服装。

生活韩服是韩国的传统服装，优雅且有品位，近代被洋服替代，只有在节日和有特殊意义的日子里穿，增加实用性的生活韩服现在很受欢迎。女性的传统服装是短上衣和宽长的裙子，看上去很优雅；男性以裤子，短上衣、背心、马甲显出独特的品位，白色为基本色，服装随着季节、身份、材料和色彩都会不同。

宫中服装是在国家重大仪式中穿的礼服。朝鲜时代随着儒教地位的巩固，衣着上也开始重视形式与礼节。朝鲜时代大礼服是祭礼服，大礼服也称冕服，戴冕冠。

4. 韩服发型特点

男性和女性都会在头上扎辫子，直至成年或结婚为止。成年或已婚男子会把头发结成发髻在头顶，成年未婚的少数女性和一般宫女则把辫子盘在脑后并以称为唐只的带束起；已婚女性会戴上假髻，后来发展成"加髢"样式。"加髢"是身份、财富的象征，贵族妇女喜欢在"加髢"上添加各种饰物，"加髢"也超过三圈，宫中甚至发展出"木头假髻"，平民及家境一般的妇女则只有一圈。王族妇女礼服的"加髢"正面正上方有玉板一个，左右各有花簪作为头饰，通称为"凤首"，代表身份与地位，有严格规定。王族妇女会在"加髢"和头顶之间放"子供枕"。

5. 韩服的美

韩服的美可以从外观的线条，布料的色彩及装饰的变化中看出。强调女性颈部柔和线条的短衣，内外边 V 字形领或自然柔和的袖口曲线，突出温和感。从短衣到裙子，垂直下垂的线条都体现端庄，贤淑。裙子从上到下渐渐扩散细纹增加优雅之美。线条的美在男性的服装中也一样。

（1）发饰衡量着的女性地位

相比于西方，东方女性结婚时传统的婚礼装饰似乎更加严谨一些，没有西式婚礼中新娘自然轻松的装饰，更多的是传统的束发，还佩戴着相当多的发簪头饰等装饰品。尽管繁重和复杂，但是这似乎是一种尊贵的一种体现，就像中式古代王室贵族的装饰一样，代表的不仅仅是美丽，也是一种地位的象征。

（2）韩服演绎的女性优雅

尽管繁冗的韩服显得有点臃肿，但是这种繁冗的服饰很好地展示了女性的一种优雅和尊贵，韩国与我们中国的结婚礼仪、文化都注重礼节和礼仪，而文明的礼俗更好地展示了女性的一种优雅。

（3）气质展现的女性魅力

身着韩服所拍出的妆容造型整体效果，展示出女性的优雅、端庄和高贵，这种陷于无形之中所演绎出来的气息是韩服化妆造型所独具的魅力所在。

8.3　艺术写真化妆整体造型

在现实生活中，由于忙碌的工作、生活的压力，人们经常忘了给自己一片空间，错过了展示并记录自己每个年龄段最美的一面。个人最美的一面，实际上就是一个人从形体和容貌上所表现出的个人特点，这就是美，艺术写真可以使长相不突出的人变得养眼，获得信心，获得快乐。人一定要学会欣赏自己，放大自己的美就是一种很好的方式。生活中人们往往忽略了个性差异上的特点，对于男人的美往往评价为帅，对于女人的美往往评价为漂亮，认为艺术写真应该是属于那些帅气、漂亮的人，是影视明星的专利，实际上这些都不是艺术写真的真正含义，化妆师需要经过专业引导，使化妆对象明白真正意义上的艺术写真就是真实地反映自己在真实生活中的样子。

8.3.1 艺术写真造型风格

艺术写真的风格从最初的单一化,不断地改进创新,如今已形成花样繁多、多元化发展趋势,出现的古典、唯美、另类等多种风格受到了年轻的时尚达人们欢迎。其特点就是更凸显私人化、个性化,展现化妆对象各个方面的特点,挖掘化妆对象身上潜在的气质,在整体风格上可以进行各种变化,而不是拘泥于婚纱、晚礼等固定形式,可以变得时尚、另类、颓废、个性。艺术写真的拍摄手法也不同于其他摄影,显得自由随意,可以说之所以出现如今个性艺术写真的特点,年轻人对艺术写真的需求升级起到了重要的推进作用。

针对市场的激烈竞争,艺术写真不仅仅是只为了满足个人的心理、艺术的追求和生活的留恋,而是慢慢地在转化为个人生活的艺术市场。个人生活的艺术市场就是将自己的美丽瞬间点缀在个人生活的每一个角落。无论是在影集里、还是墙面上、车上、钱包、衣服等,均成为展示自我的地方,针对这样的市场,化妆师和摄影搭档及摄影制作搭档将慢慢会趋向于实用的角度,把明星式的三好四美发扬到不单单只是适合一部分的小众欣赏对象,而是适合与大众的写真摄影。

其实从摄影的水平、化妆对象来说,个性写真和艺术写真有本质上的区别:

① 个人写真适用于于大多数人,表现的尺度会比较小,而艺术写真则是专业模特拍出来的一些杂志封面、海报之类的照片,所表现的尺度会比个人写真大很多。

② 个人写真需要摄影师的技巧不是很大,艺术写真则需要有经验、懂得营造拍摄氛围的摄影搭档。

作为化妆师,我们该如何去理解为化妆对象进行个性艺术写真的风格设计?

① 要有审美观,化妆师首先要把自己当成是艺术家,要善于发现不同角度美的能力。

② 化妆师本身具备创造美的能力,能够时刻感受到美的存在,并有能力把他呈现出来。

③ 创造是非常重要的,不允许重复,一幅优秀的艺术写真作品通过光影与造型手段,表现的是生命之美,是对美的赞歌。

8.3.2 艺术写真造型建议

1. 化妆师需要让化妆对象了解的拍摄须知

一张好的艺术写真，归根到底是化妆对象的人物传神，生动而富有感染力，否则就像泥塑木雕，作品一定要有艺术性和思想性。如果想拍出个性的艺术写真作品，化妆师就需要花时间和化妆对象及摄影搭档进行沟通，让这个团队协作，产生充分的凝聚力。每个人都有自己独特的生活经历，有着不同的理想，对世界有着不一样的认识以及独有的性格，只有在这些方面进行沟通了解，更好地与摄影搭档交流，并在拍摄前精心准备，才有机会拍摄出真正富有创作激情的艺术写真作品。

对于化妆师来说，多花时间和化妆对象沟通，听听他们的故事、他们对事物的理解和认知度，并站在专业的角度，为化妆对象进行针对性的策划设计。对个性艺术写真，我们要清醒：真正的个性艺术写真，是被拍摄者真性情的展示，而不是在不同背景墙前面不断变化的姿势。

了解化妆对象的亮点。要想在拍摄艺术写真时完全展现化妆对象的优点，在拍摄前应该先了解化妆对象的亮点。从摆姿上、表情上、拍摄的角度上观察化妆对象怎么样拍摄更适合、更显美感，再对其进行专业性的合理引导。也可以建议其在化妆造型过程中对着镜子多看多笑，对自己最美的角度有所了解。如果遇到对自己不太自信的化妆对象，可以与摄影搭档多交流，让摄影搭档对化妆对象有个大体的了解，并建议化妆对象多参照艺术写真样片的感觉，准确地找出更适合化妆对象的拍摄方法。

了解化妆对象的体型。一副完美的靓丽艺术写真作品，往往还来源于完美的搭配，无论是服装的穿着，还是服饰的佩戴，艺术写真有唯美知性型的、性感妖媚型的、个性另类型的，款式设计非常多样，色彩也比较多，化妆师可以根据化妆对象的体型来进行完美的搭配，这样拍摄出来的艺术写真作品才会显示得大气生动。

2. 化妆师需要为化妆对象提供的前期准备

① 拍摄当天要穿无肩带的内衣。

② 准备白色、黑色袜子各两双，防止拍摄过程中服饰造型穿帮。

③ 女士提前清理腋下毛发，男士根据拍摄风格酌情清理胡须。

④ 休息好，以保证有充足的体力应付强大的化妆造型拍摄过程。

⑤ 吃饱，不要认为不吃东西拍出来会很瘦，一定要确保体力充足。

⑥ 要有足够的耐心应对冗长的拍摄过程。

⑦ 平时喜欢的宠物、玩具都可以作为艺术写真精彩的道具。

⑧ 吊带、内衣等贴身的服装尽量自行备齐。

⑨ 不要盲目地刻意模仿明星艺术写真风格。

⑩ 可以根据个人气质特点参考样片而不是迷信样片。

⑪ 如果放得开，有表演欲，可以尝试多种风格造型及拍摄手法。

⑫ 避免陪同人员，有熟人或朋友在身边是个人发挥的一种障碍。

⑬ 不管有什么化妆造型和拍摄想法一定要和化妆师进行沟通交流。

3. 化妆师需要化妆对象了解的美姿技巧

拍摄艺术写真时美姿造型的摆设是极其重要的。化妆对象若要展现出其富于魅力的曲线，头部和身体忌成一条直线，两者若成一条直线，会让人感觉到呆板；双臂和双腿忌平行，无论化妆对象是持坐姿或是站姿，千万不要让双臂或双腿呈平行状，因为这样会让人有僵硬、机械之感；另外还应注意手的摆设，手在画面中的比例不大，但若摆放不当，将会破坏画面的整体美，拍摄时要注意手部的完整，不要使其产生变形、折断、残缺的感觉。

4. 化妆师需要化妆对象了解的拍摄技巧

防止红眼妙法：拍摄艺术写真时假如没有消除红眼装置，那么可以给化妆对象如下建议，拍摄时请摄影搭档将室内灯光尽量全部打开，让化妆对象准备拍摄的场景明亮；拍摄时建议化妆对象眼睛先看亮处，再转回来拍照；拍摄时请摄影搭档拍两张，第二张一定不会有红眼的现象发生。

防止闭眼妙法：如果化妆对象拍照时是属于容易闭眼的人，那么拍摄前咨询下摄影搭档，是不是先闭上眼，在按快门前请摄影搭档提醒其睁眼再拍下照片，便可捕捉明亮的眼光；在拍摄前先用手搓搓脸及眼部四周，就比较不会闭眼，而且表情会比较自然，不过切忌弄花妆面。

8.4 创意化妆整体造型

创意妆是化妆师通过现实生活中某种具象的事物得到的启示，从而借色彩对化妆对象利用现代、时尚、流行的风格，进行夸张、美化，在化妆的过程中把更多的多种外界元素渗入到化妆对象的妆面上以形成更好的效果，从而使化妆对象的整体造型设计效果达到一种创新的化妆概念与境界。

8.4.1 创意化妆造型的分类

平面创意妆：通过图片、照片等方式来表现的一种妆面，其特点自然真实，妆面精致，使用的色彩层次分明、过渡自然。

舞台创意妆：通过 T 台、秀场等方式进行现场展示，其特点形式感强，比平面创意妆的造型更夸张，有视觉冲击力，因为距离观众比较远，演出时间比较短，所以非常具备整体感和震撼力，色彩浓艳而极富立体感。

时尚创意妆：妆面展示时间短，展示场地大，因此要求化妆师的整体创意效果要根据主题进行有美感的设计，这种类型的妆面色彩浓艳、立体感强、造型夸张，有的只突出人物局部，有的要求整体协调，在发型设计方面一般都比较夸张，化妆师可用真、假发结合使用进行造型，或用发品、饰品的成品物件进行整体造型效果搭配，不仅要照顾化妆对象的妆面与服装色彩的协调统一，还要兼顾与饰品色彩相协调。

8.4.2 化妆创意型思维

化妆师在自身化妆创意思维的提升方面要多下功夫，恰当地将自己创意思维运用于平时的化妆学习中，是化妆学习者的核心技能之一，化妆学习的最大价值也正体现于创意思维在化妆中的运用。总体来讲创意思维是在条件、动机与方法三要素的相互作用下产生的，因此培养创意思维要紧密围绕这三个要素开展，既要日常生活中为自己创造条件、培养动机，又要讲求方法，形成自己的思维拓展体系，深入挖掘创意化妆造型的灵感源泉。

由于一个整体造型的化妆效果是审美、艺术、功能及文化等诸多的结合体，因此创意思维在化妆师的学习过程中也必然会遇到很多不自由因素的约束，这些因素在一定意义上限制了化妆师创意思维的拓展和发挥，尤其是一部分学习化妆的学生会受到老师、书本、现实、技术和成本等现实因素的制约，更难摆脱日常惯思维的束缚，因而很难形成具有典型创意思维精髓特征的创意作品。更重要的是，思维的僵化限制了化妆师和化妆行业的进一步发展，所以可以说创意思维的培养与拓展在某种意义层面上显得更为重要。从某种层面上来说，创意思维的精髓是反常规、新创造、新相关和新意境，而任何学科创造的第一步都离不开反常规，因此创意思维是化妆师在化妆学习中创新和制作的源泉，更是化妆师的化妆作品文化和品牌形成的不竭动力。

同时，化妆师在日常工作生活中对化妆的学习与时代背景、地域条件、文化艺术和科学技术等综合因素息息相关，而且伴随化妆与艺术的迅速结合与发展，时代对化妆师的要求也越来越高，并且会伴随出现一种由手工技术匠人向文化艺术艺人方向发展的新的价值取向。化妆已成为流行与时尚的潮流之一，这更加使得社会对于化妆师的创新要求越来越高，因此对化妆学习者的创意思维培养也变成越来越紧迫的一项任务，直至化妆学习者们拥有了这种思维，并让这种思维最终在其现实的操作中得到发挥，形成最终出彩的优秀作品，并在各个方面形成其独有的特点。因为能够创造出这样的作品才能使化妆师本身拥有更多的附加值，才能为其自身在化妆行业发展带来更多的成就和价值，最终在职业前景上形成一种良性循环：一方面现实利益的增加为化妆师本身的创意思维再次形成创造了条件，而创造型思维也能在化妆师的现实生活中得到更多的发挥。

现在化妆行业的从业者越来越多，如何让自己成为化妆行业中坚力量，甚至明星式人物，那么就一定要弄明白化妆创意型思维学习的重要性及全面性。作为未来化妆行业的从业者，当身边所有的人都在为工作而忙碌，在学习的期间一定要学会思考，更加深刻认识到化妆创意思维的重要性，为了进一步增强自己的创新意识、责任意识和学习的自觉性、主动性，应当舍得拿出自己的休息时间，让自己静下心来，集中精力、排除干扰地潜心学习。要坚决避免日常生活中自己有可能出现的碌碌无为"不爱学"、装点门面"不真学"、急功近利"不深学"、借口工作繁忙"不愿学"等现象。化妆创意型思维的学习是化妆师深入学习化妆、提高化妆认识的一个重要途径。一名不愿被行业、被时代淘汰的化妆师，一定要学会加强深入学习、提高思想认识，真正领会和掌握化妆创意思维学习的重大意义及科学内涵、精神实质和根本要求，切实做到在个人职业发展道路上学而真信、信而真用、用以促学、学用相长。

教师习作

回眸 120 cm×80 cm（油画）

纳纳 150 cm×120 cm（油画）

前 150 cm×130 cm（油画）

璞玉 30 cm×20 cm（白描）

仙子 30 cm×20 cm（白描）

周璇像 30 cm×20 cm（白描）

嗷 120 cm×80 cm（油画）

荷花图 70 cm×45 cm（国画）

小楷练习